猫とわたしの
終活手帳

12歳の君へ

あなたと出会ったのは12年前でしたね。

最初は手のひらに乗るくらい小さなあなたでしたが、
いまでは白髪もでてきた立派なおじさん猫ですね。
猫じゃらしでヘトヘトになるまで遊んだ日々。
夜中に具合が悪くなり救急病院に駆け込んだこともありました。
また、私が落ち込んでいると
いつも膝の上に乗って癒してくれましたね。
最近そんなことを思い出します。

命には限りがあり、
いつかはあなたともお別れしなくてはなりません。
そんな日のことは考えたくもありません。

でも、その日に後悔するのはもっと悲しいこと。

そのときになにを考え、行動し、準備すればよいか。
いまからゆっくり考えてみたいと思います。

看取りの際に穏やかな気持ちで
「いままでありがとう」って言えるように……

CONTENTS

もくじ

CHAPTER. 1

12歳から始める猫生活

- 長生きになった理由について ……………………………… 10
- 猫の一生をライフステージごとに考える ………………… 12
- 老化のサインを知ろう ……………………………………… 14
- 知っておくべき健康老猫の基本生活 ……………………… 18
- 12歳からのクオリティオブライフ ………………………… 20
- ターニングポイントを知る ………………………………… 22

CHAPTER. 2

12歳からの病気ケア

- 自宅で行う簡単！ 健康診断 ………………………………… 26
- 病院で行う健康診断 ………………………………………… 28
- 健康なうちにホームドクターを探しておこう …………… 30
- 気になる医療費について …………………………………… 32
- セカンドオピニオンの重要性 ……………………………… 34
- 自宅ケア　前編 ……………………………………………… 36
- 自宅ケア　後編　～自宅治療を選択した場合 …………… 38
- マッサージもケアです ……………………………………… 40
- 12歳から起こりやすい10大疾病 …………………………… 42
- 老猫に多い病気一覧 ………………………………………… 53
- 猫に認知症ってある？ ……………………………………… 56

CHAPTER. 3

12歳からの暮らしの心得

キャットフードの話 ……………………………………… 60
キャットフードの話② …………………………………… 62
老猫ちゃんに大切な「水」の話 ………………………… 64
理想的なシニアトイレを考えよう！ …………………… 66
理想的なシニアトイレを考えよう！② ………………… 68
できるだけストレスを感じない環境づくり …………… 70
老猫ちゃんのお手入れ …………………………………… 72
他に気をつけたいこと暮らしのQ&A① ……………… 74
他に気をつけたいこと暮らしのQ&A② ……………… 76
留守番させるのが心配！① ……………………………… 78
留守番させるのが心配！② ……………………………… 80

CHAPTER. 4

最期のお別れ

私はこうお別れしました ………………………………… 84
通院することになったら ………………………………… 86
入院することになったら ………………………………… 88
終わりのサインがきたら ………………………………… 90
安楽死ということ ………………………………………… 92
最期にできること ………………………………………… 94

CONTENTS

最期の日の迎え方① ……………………………… 96
最期の日の迎え方② ……………………………… 98
お別れの準備① …………………………………… 100
お別れの準備② …………………………………… 102
お葬式の準備① …………………………………… 104
お葬式の準備② …………………………………… 106
お骨とお墓のこと ………………………………… 108

CHAPTER. 5

どうしても忘れられない

ペットロスの癒し方 ……………………………… 112
猫からの最期の贈りもの ………………………… 114

CHAPTER. 6

書き込もう　猫とわたしの約束ノート ………… 116

COLUMN

猫と人間の年齢換算表 …………………………… 24
1年間でかかる経費と猫貯金のすすめ ………… 58
ペット保険って入っていたほうがよい？ ……… 82
ペット信託って？ ………………………………… 110

CHAPTER. 1

12歳から始める猫生活

CHAPTER. 1

12歳から始める猫生活

LONG LIFE
長生きになった理由について

猫の寿命は年々伸びていると言われています。(社)ペットフード協会がまとめた統計によると、完全室内飼いの猫の平均寿命は15.7歳。ひと昔前は10歳で長寿と言われていたことを考えると、猫も長生きになってきました。

まず「ねこまんま」から、「キャットフード」に変わったことは、猫の長寿化の大きな理由でしょう。さらに、猫の年齢(成長段階)に応じた栄養バランスで配合されたフードが市販されるようになり、栄養状態を飛躍的に改善させました。

そして、外飼いから完全室内飼いの習慣が広まったことによって、伝染病や事故、ケンカやケガのリスクが減少。天寿をまっとうする猫が増えました。

さらに、獣医療の進化があげられます。近年の獣医療技術の進歩には目を見張るものがあります。また、それにともなって飼い主さんの意識が変わり、猫ちゃんも具合が悪くなったら動物病院に連れて行くようになりました。このように、猫の寿命がのびたとはいえ、老いからまぬがれることはできません。

老いってなんだろう

寿命がのびるということは、猫も老いてからの時間が長くなるということ。猫はあまり手がかからない動物といわれますが、体力が衰えた老猫は、食事、グルーミング、トイレなど、さまざまなケアが必要になります。寝たきりになっても、いつか命の炎が燃え尽きるまで、寄り添ってあげたいものです。

猫ちゃんの死に際して、「もっとなにかできなかっただろうか」と後悔する飼い主さんは少なくありません。ちょっと具合が悪いかなと思って病院に連れて行ったら、すっかり病気が進行していたということもあるのです。

病気が発覚してから、考えがまとまらないうちに容体が悪化して、あっという間に臨終を迎えることになったら……。そんな後悔をしないためにできることがあります。

考えたくもありませんが、いつかは猫ちゃんとお別れしなければなりません。猫ちゃん自身が最期の瞬間まで幸せだと感じながら旅立ってもらうために、飼い主さん自身も必要な知識を身につけておき

　一度も病院にかかることなく大往生を遂げる猫もいますが、やはり一度病気をしたら以後も病院通いになることが多いのです。そうなったときにどうするか？　一緒に住んでいる家族がいるなら、全員の意見を聞いておくといいですね。
「できることはなんでもしてあげたい」と、献身的な考え方もありますが、治療費だってかかります。また、時間的な制約があることも忘れてはいけません。「入院治療はしなくても、痛みを取るだけのケアはしてあげたい」などという、現実的かつ人道的な治療だってあるのです。これからどんな治療を猫ちゃんに受けさせるべきか一度考えてみる必要があるでしょう。

CHAPTER.1

12歳から始める猫生活

LIFE STAGE
猫の一生をライフステージごとに考える

猫は人間の5倍ほどの速さで一生を駆け抜けます。そのことを心に刻み、猫の老いと死の時期を過ごす準備をしていただきたいと思います。

さてここでは、猫の一生を成長過程に応じて、「子猫期」（誕生〜6カ月）、「青年期」（7カ月〜2歳）、「成猫期〜壮年期」（3歳〜10歳）、「中年期」（11歳〜14歳）、「老年期」（15歳〜）というライフステージに分けて考えてみましょう。

※猫と人間の年齢換算表はP24へ。

子猫期、青年期（0歳〜2歳）

猫は生まれてから半年で急速に成長し、人間でいうと10歳にもなります。好奇心旺盛で一番やんちゃな時期といえます。この時期にとくに気をつけたいことは「異物の誤飲」です。2歳になると人間でいえば24歳になります。

成猫期、壮年期（3歳〜10歳）

青年期を過ぎ、10歳までが成猫期と壮年期です。このステージでは、人間換算で1年に4歳のペースで年を取っていきます。動きやしぐさに落ち着きが出てきます。

中年期（11歳〜14歳）

11歳になると、中年期です。このころから少しずつ老化の兆候が見られる子もいます。いままで以上に体調管理に気を配ってあげましょう。猫も人間も、年を取ると食欲が減少し、消化吸収能力が衰えてきます。そのため、食事はこの頃からシニア猫用を選ぶようにしましょう。

老年期（15歳〜）

15歳になると、老年期。人生のラストステージです。1日のほとんどを寝て過ごすようになるケースも少なくありません。快適な寝床をつくってあげましょう。また、環境の変化はストレスになるので、模様替えはなるべくしないほうがよいでしょう。

この時期から一気に老け込む子もいれば、病気のひとつもしないまま20歳超えの大往生をする子もいます。

室内、野良、半野良で異なる寿命

これまでのお話は、完全室内飼いの猫を想定したものです。外出をする猫は、交通事故にあったり、病気に感染したりと、

危険がいっぱい。とくに老猫は身体能力や免疫力が落ちているので、外に出かけさせるメリットはほとんどありません。もともと野良猫だったりすると外に出たがることが多いようですが、帰ってこられなくなるかもしれません。

外出する猫の平均寿命は12.3歳とする資料があります。完全室内飼育の猫の平均寿命は15.4歳なので、完全室内飼育にすることで3年1ヵ月（人間に換算すれば12年！）も長生きさせることができるならそのほうがよいと思いませんか？　余生は安全・安心な家で過ごさせてあげたいものです。「猫は死に目をさらさない」は過去のお話。最期まで寄り添ってくれる人がいることこそ、現代の猫の幸せなのではないでしょうか。

CHAPTER. 1

12歳から始める猫生活

AGING SIGN
老化のサインを知ろう

　ものを言えない猫ですが、体が発する「老化のサイン」があります。まず、体に現れる老化現象から見ていきましょう。

　あなたの猫ちゃんの毛ヅヤはどうですか？
若いころは熱心に自分の体をなめて毛づくろいをしていたはず。年を取るとあまりやらなくなるため毛ヅヤが悪くなるのです。毛づくろいをしないと、汚れが目立つようにもなります。毛ヅヤの悪化と汚れに気づいたら、猫の代わりに飼い主さんがブラッシングをしてあげるようにしましょう。ただ、それまでブラッシングの習慣がないと、慣れないことをされて猫がストレスを感じます。そのため、若いころからブラッシングの習慣づけをしておくことが理想的です。できれば毎日やってあげましょう。

　次に、口臭はありませんか？
歯肉炎などの歯周病が原因の場合は要注意。なぜなら、歯周病を放置すると、口の中の細菌が腎臓などの臓器にまで広がってしまう危険性があるからです。

　また、老化といびきの関係について「年を取ると人間同様に、いびきが大きくなるんですね」とおっしゃる飼い主さんがいますが、猫のいびきと人間のいびきはまったく異なるものです。猫は鼻呼吸です。人間

は鼻でも口でも呼吸ができます。いびきというのは、口呼吸によるもの。つまり、猫がいびきをかくのは、老化現象ではなく、鼻になにか異変があることが多いのです。また、猫が鼻血を垂らしているときにはがんの可能性があり、命に関わるので一刻も早く動物病院へ行くことをおすすめします。

それから目。年を取った猫は、虹彩(こうさい)(瞳孔を取り囲む部分)にしみができます。見た目や行動が若々しくても、あなたの猫ちゃんが老化していることを確実に知らせるサインです。

寝てばかりは老化だけでなく、病気の可能性もある

老化に伴って、行動はどうなるでしょうか。

まず、「高いところに上れなくなる」ことがあげられます。猫は高いところを好みがちですが、老いた猫は筋力が衰えているので、足を踏み外すことも増えてきます。また、活動量も減り、動くときもゆっくり歩く程度になります。

そして、加齢にともなって寝てばかりいる猫も多くなります。これは、もしかすると眠いのではなく、体がだるくて、動けず、寝る以外の姿勢がつらいのかもしれません。

いままでは帰宅すると玄関まで迎えにきていたのに最近はこないなぁ、お風呂までついてきていたのにこなくなったなぁ……など「そういえば」と思い出す行動の変化が、老化のサインです。ほかに「少しずつ痩せてくる」「筋力が落ちてくる」「少しずつ視力が衰える」「鼻の頭が乾きがちになる」「歯石がついてくる」「口臭がある」「足を引きずる」「大きな声で鳴くようになる」などがあげられます。ただし、加齢からくるのか、病気が原因かは症状だけでは判断できません。老化だからと安心はせずに病気の可能性があることを念頭におきましょう。少しでも気になれば病院に行くことをおすすめします。

毎日見ていると変化や異変に気づきにくいですが、「体の様子」「食事の量、タイミング」「行動パターン」にはとくに意識を向けて観察するようにしましょう。

こんなサインに注意!!

[全身]
・痩せてくる
・震えがある
・背中を丸めてうずくまる時間が長い
・毛が逆立ったまま

・脱毛がある
・しこりがある
・首がつねに下がっている
・元気がない

[行動]
触ろうとすると怒る
ずっと寝ている
冷たい場所にいく

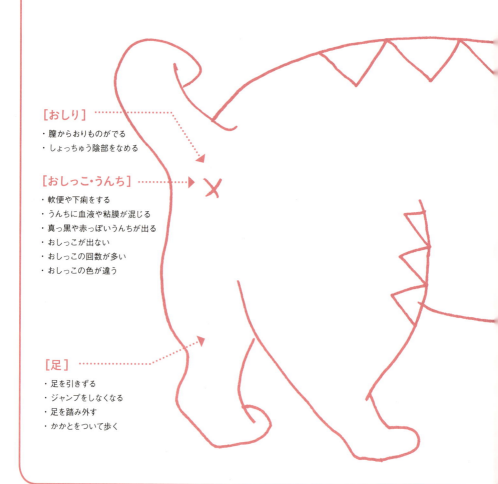

[おしり]
・膣からおりものがでる
・しょっちゅう陰部をなめる

[おしっこ・うんち]
・軟便や下痢をする
・うんちに血液や粘膜が混じる
・真っ黒や赤っぽいうんちが出る
・おしっこが出ない
・おしっこの回数が多い
・おしっこの色が違う

[足]
・足を引きずる
・ジャンプをしなくなる
・足を踏み外す
・かかとをついて歩く

CHAPTER.1 CAT LIFE FROM 12

[目]
・左右の瞳孔の大きさが違う
・眼球がふるえるように動く
・視線が合わない
・目やに、多量の涙が出る
・充血している
・まぶたの裏の色が薄い

[鼻]
・鼻水が出る
・鼻の頭が乾いている

[口]
・口をくちゃくちゃと動かす
・よだれが出る
・口臭がある
・呼吸が浅く、口呼吸をする

[飲食]
・食べ方が変わった
・食欲がない
・水を大量に飲む
・嘔吐する

[おなか]
・腹筋の外側が部分的に
　ぽっこりとふくらんでいる
・腹筋の内側が全体的に
　ふくらんでいる
・乳首の周りにしこりがある

CHAPTER. 1

12歳から始める猫生活

EVERYDAY LIFE
知っておく健康老猫の基本生活

猫の老化はわかりにくいもの。猫は不調や病気を隠す生き物なので、末期まで病気に気づかない飼い主さんは少なくありません。飼い主さんは、「うちの子は元気だから大丈夫」と、自分の猫の老いを認めたくないものです。猫は病気が進行するまでは元気なフリをしているだけで、死が迫ってくると、やはり人間と同じように具合が悪くなります。これに早期に気づくか気づかないかが、猫の寿命を左右することになるのです。病気は早期発見することで、健康の回復につながります。毎日、注意深く観察してあげましょう。チェック方法はP16にあります。

ずっと寝ている

行動や様子から老化の兆候を知る

猫の老化兆候は、次のような行動から読みとれます。「ジャンプをしなくなる」「足を踏み外す」「ずっと寝ている」などです。これは、単なる老化による筋力、体力減少によるものかもしれませんが、もしかしたら「痛い」「だるい」などといったサインのことも。少しの変化でも見逃さないようにしたいものです。

行動以外だと、「口臭が強くなる」「毛ヅヤがなくなる」など。口臭があるのは、歯周病や歯肉炎、他にも腎臓病などが疑われます。先のページでも述べましたが毛ヅヤがなくなるのは、毛づくろいをしなくなるからです。体が汚れがちになるので、飼い主さんがスキンシップを兼ねてブラッシングをしてあげてほしいものです。ついでに体中をマッサージしてできものや傷がないか、チェックしましょう。

また、「最近痩せちゃって」と猫ちゃんを連れてくる場合、飼い主さんが気づくのはかなり体重減少が進んでからです。単に食

老化のサイン

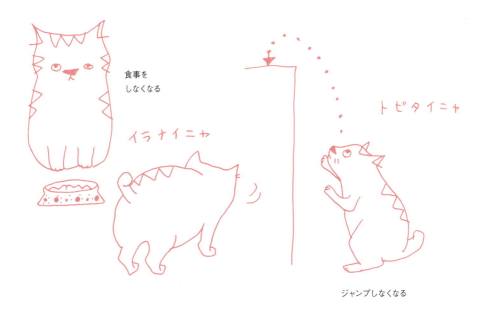

食事をしなくなる

イラナイニャ

トビタイニャ

ジャンプしなくなる

欲がないのか、口の中が痛いのか、もしくは重大な内臓疾患(場合によっては悪性腫瘍)を抱えているのか、さまざまな理由が考えられます。まずは獣医師の診断を仰ぎましょう。

そして年を取ると、水を飲む量や、飲み方が変わります。水や器のにおい、温度などの好みがうるさくなるようです。好きな飲み方で好きなだけ飲ませてあげましょう。ただし、若い頃に比べて飲水量が増えたというのは病気のサインであることが。その場合も動物病院で相談をしましょう。

いずれにせよ、暮らしの中で見せる小さなサインから老化の兆候を早く発見できれば、猫の肉体的な負担、飼い主さんの経済的な負担が少ない方法で猫をより長生きさせることができるでしょう。

いつもと違うことがあれば病院へ

日常生活の中で不調を見つけるのは、飼い主さんのお役目。病気になってからでは遅いので若いうちは1年に1回、高齢になったら半年に1回は健康診断を受ける習慣をつけましょう。「病気になって猫ちゃんを苦しませるより、病気の早期発見・早期治療のため」と思って、猫ちゃんか飼い主さんの誕生日の習慣にしてはいかがでしょうか。

CHAPTER. 1
12歳から始める猫生活

QUALITY OF LIFE
12歳からのクオリティオブライフ（QOL）

クオリティオブライフの観点で考える

　12歳ともなると、猫はもうお年寄り。愛する猫の老いと、その先にある死を受け入れる覚悟を決める段階です。ラストステージを歩む主役は「猫ちゃん」。飼い主さんは、それを最後まで支えてあげましょう。それが飼い主さんの責任です。

　人間の世界でも、「クオリティオブライフ（QOL：生活の質）」という概念が重要視されるようになりました。猫に当てはめれば、痛みや苦しみやストレスがない生活、満ち足りた食事や睡眠、休息が取れる暮らしといったところでしょうか。飼い主の自己満足におちいることなく、猫の気持ちを察することが大切です。無理のない範囲でできるだけのことを日常的に続けていきましょう。猫は、自分の余生と最期を決めることができないので、クオリティオブライフが満たされるか否かは飼い主さん次第です。

　でも、どうやって実現させていけばいいのかと不安に感じる人も少なくないと思います。ですが、難しく考える必要はありません。いままで猫と築いてきた関係と気持ちを持続させていけばいいのです。年を取ってからはちょっと方法が異なる、それだけで猫のクオリティオブライフを実現しているのです。

治療は獣医師任せでも、方針を決めるのはあなた

　愛猫のことをもっとも知っているのは飼い主さんです。しかし、猫が病気になったときは獣医師に任せるしかありません。それでも、猫の病気について知識を得ることや、治療方針についてあらかじめ考えを決

クオリティオブライフはストレスがない生活。十分な食事や睡眠・休息が取れるように心がけたいもの。

緩和ケアにするのかそのままにするのか。また、安楽死も念頭にかかりつけの獣医師と相談しながら、最善の治療を探りたい。

めておくことは大切です。

　重い病気が発覚した場合、とにかく「できることはすべてやる」のか、病気による痛みだけを取り除く「緩和ケアにする」のか、医療はすべて諦めて「そのままにする」のか、あるいは、延命治療により苦痛が増す可能性があるのなら「安楽死もやむを得ない」とするのか、など心構えをしっかり持ちましょう。

　病気が進行すると、猫ちゃんが苦痛の表情を見せるようになったりして、飼い主さんもつらい気持ちになることもあります。痛みを取るための鎮痛剤や、吐いてしまうときの制吐剤、脱水症状には点滴など、さまざまな緩和ケアがあるので、かかりつけの獣医師と相談しながらその子にとって最善の治療を探りましょう。

猫が過ごしやすい生活環境を心がける

　自宅でできることは、猫の生活スペースをバリアフリー化することです。猫がストレスを感じそうなものはできるだけなくしてあげましょう。また、家の中に、猫が静かに過ごせる専用の寝床をいくつかつくってあげるといいでしょう。

　猫にも視力低下は起こり、いわゆる"老化"の場合と、"病気"の場合があります。目が見えない・見えにくい状況になっても、それまでの記憶と経験を頼りに最低限の生活ができるように、家具の模様替えは極力控え、また転居もしないほうが無難です。いろいろと神経を使いますが、猫ちゃんの余生の幸せは飼い主さんの手の中にあります。つねに「猫の幸せとは？」「猫ちゃんの気持ちは？」と考えることが、猫ちゃんの寿命を伸ばすことにつながっていくはずです。

　野生下では、老衰により天寿をまっとうする動物はほとんどいません。あなたの猫ちゃんは、あなたとの出会いによって、世界にたったひとつしかない絆が生まれて奇跡的に天寿をまっとうしようとしています。なにがあっても最期の瞬間まで一緒に暮らすのが飼い主さんの責任。築き上げたお互いの気持ちを大切に猫ちゃんの要求に楽しくふりまわされながら過ごすこと、それこそが、猫ちゃんにとって究極のクオリティオブライフが満たされるということなのです。

CHAPTER. 1

12歳から始める猫生活

TURNING POINT
ターニングポイントを知る

毎日一緒にいる猫ちゃんだからこそ、老いには気づきにくいものですが、思い出してみてください。若いころは、どこへ行くのも一緒で、お風呂までついてきて落ちそうで心配だったり、帰ると玄関まで熱烈にお迎えにくるから飛び出さないようにするのが大変だったりしたのでは？ それが最近は一日中寝ていて、家の中でも存在感がなくなっていませんか？ それが、猫のライフステージを考える上での「ターニングポイント」です。「なんだか手がかからなくなったなあ」と感じたときが、老化への一歩だと思ってください。ここからは、猫の気持ち優先で「察する」生活にシフトしていくべきときなのです。

老猫の気持ちになって察する

猫の気持ちを察するとは、どういうことなのでしょう？ 猫は自由な生き物。気分が乗らないときには触ってほしくありません。年を取ったら、その傾向が強まるでしょう。若いころは、触られて嫌な気持ちになったときは飼い主の手をガブリとやって「もうやめて！」と不快感を伝えればよかったのですが、老猫はそんな元気がないことも。

老い先短い余生ですから、自分の好きなように過ごさせてあげることを考えましょう。飼い主さんはそのサポート役です。また逆に、かまってほしそうな顔をして近寄って

「あれ、最近猫がおとなしいな」がサイン。

きたときは、愛情を込めてたっぷり甘えさせてあげましょう。そして、猫は大きな声や音が大嫌い。お年寄りの猫ならなおさらです。トイレの失敗など、問題行動が起きても大声でしかったりしないでください。猫自身だってマズイことをしたとわかっていても、思うように体が動かなくなっているのかもしれないのです。びっくりさせることなく、心安らかに過ごせるように心がけましょう。

ただ、年を取ってもいつまでも若々しい猫がいるのも事実。体質的・遺伝的に恵まれた丈夫な体なのでしょうね。そういう猫には、運動不足にならないように適度な遊びを提供してあげるといいでしょう。ただ、猫の体力低下を考えると、若いころのような激しい遊びや、段差を上り下りするような遊びは控えたほうがよさそうです。

猫が教えてくれる大切なこと

「反応が鈍くなったな」と思ったら、猫ちゃんに老化が訪れています。そのときこそ、いままでの飼い方を見直すべきターニングポイントにいると考えてください。

これからはじまる老後こそ、猫ちゃんからの最後のプレゼント。

絆で結ばれた飼い主さんと猫ちゃんだからこそ大切にできる素敵な時間です。猫ちゃんは死をもって飼い主さんに命の尊さを教えてくれようとしているのです。

猫と人間の年齢換算表

猫は人間よりも何倍もの速さで成長します。11歳の中年期から「シニア」といわれます。中年期の12歳になったあたりから終活を考えましょう。

ライフステージ		猫の年齢	人の年齢
子猫期 一番元気な時期。猫として猫社会のルールを学びます。		0〜1ヶ月	0〜1歳
		2〜3ヶ月	2〜4歳
		4カ月	5〜8歳
		6カ月	10歳
青年期 大人の入り口で性成熟を迎える時期。メスは生後5ヶ月〜12ヶ月で、オスは生後8ヶ月〜12ヶ月で性成熟します。		7ヶ月	12歳
		12ヶ月	15歳
		18ヶ月	21歳
		2歳	24歳
成猫期 気力、体力が一番充実している時期。野良猫のボス猫は、多くこの年代です。		3歳	28歳
		4歳	32歳
		5歳	36歳
		6歳	40歳
壮年期 体力が徐々に落ちてくる時期。時代の医療レベルに達する前は、この時期から「シニア」とされていました。		7歳	44歳
		8歳	48歳
		9歳	52歳
		10歳	56歳
中年期 「シニア」といわれるのは、この時期から。13歳から目やひざ、爪などに老化が見られます。		11歳	60歳
		12歳	64歳
		13歳	68歳
		14歳	72歳
老猫期 余生をのんびりと過ごす一方で、体長を崩しやすい時期。環境の変化や猫だけの留守番は極力控えましょう。		15歳	76歳
		16歳	80歳
		17歳	84歳
		18歳	88歳
		19歳	92歳
		20歳	96歳
		21歳	100歳
		22歳	104歳
		23歳	108歳
		24歳	112歳
		25歳	116歳

参考資料：AAFP（全米猫獣医師会）、AAHA（全米動物病院協会）

CHAPTER. 2

12歳からの病気ケア

CHAPTER. 2

12歳からの病気ケア

MEDICAL CHECKUP
at home
自宅で行う簡単！健康診断

猫と一緒に時間を過ごす暮らしのなかで、簡単に健康チェックする方法をご紹介いたします。そんなに難しいことはないので、毎日の習慣に行えるしたいものですね。

暮らしの中で飼い主が気づいてあげられること

スキンシップ

まず、愛猫とのスキンシップの習慣を、猫が年を取ってからも、猫の負担にならない程度に続けましょう。その際、痛そうにする場所がないか、シコリができていないか、脱毛していないかなどを確かめましょう。

痛そうなところ、シコリや脱毛していないかチェック。

食欲と飲水量のチェック

毎日のことながらとても重要なのが、「食欲」と「飲水量」のチェック。食欲があり過ぎてもなさ過ぎても心配です。食事、水ともに毎日摂取量を把握できるようにしておきましょう。

食事や飲水量は食欲があり過ぎかなさ過ぎかチェック。

行動の変化

行動の変化も見逃さないようにしてください。「足をかばって歩く」、「立ち上がるときにふらつく」などはありませんか？「いつもと様子が違う」と敏感に気づくことが大切です。

顔回りだと、「鼻水」や「鼻血」、「口臭」、「よだれ」、「目やに」、「涙」などはありませんか？ 耳の中が汚れていたり、痛がるのもなにか病気が隠れているからかもしれません。

いつもと違う行動をしていないかチェック。

毎日の体重、体温、呼吸数、心拍数を測っておく

年に一度は動物病院で健康診断。でも、小さな異常を早く見つけるために自宅での日々の健康チェックをおすすめします。まずは以下の4つの項目をみていきましょう。健康チェックは、時間があるとき無理せずに行いたいものですが、「月1度何曜日の寝る前」とか決めたりすると、意外とスムーズにいくようです。

＿＿＿＿＿＿の体重・体温・呼吸数・心拍数

❶呼吸数：＿＿＿＿＿＿＿＿回／分

呼吸数は、胸が上下するのを外から見て数えることができます。目安は、1分間に24〜42回程度。

❷脈　拍：＿＿＿＿＿＿＿＿回／分

脈拍（心拍数）は、猫の体にやさしく手を当てて測定します。目安は、1分間に120〜180回程度。

❸体　温：＿＿＿＿＿＿＿＿度

体温は、耳で測定できるペット用体温計があると便利です。自宅で猫の体温を測ったときの正常値は、37.5〜39.0度です。

❹体　重：＿＿＿＿＿＿＿＿kg

体重測定は、赤ちゃん用のスケールがちょうどいいですが、大人用のものでもOK。猫を抱っこして飼い主さんが乗って、自分の体重を引けばいいのです。抱っこが嫌いならキャリーに入れて乗せて、キャリーの重さを引いてください。ダイエットをしていないのに、体重が5％以上減ったら獣医師に相談しましょう。

うんちやおしっこは量や頻度、状態を観察

「便の量」や「におい」、「色」に変化はないか、毎日チェックしましょう。

下痢や血便はわかりやすいのですが、便が黒光りしているときは「メレナ」とよばれる状態で、胃や十二指腸で出血している可能性があります。

おしっこは、色やにおい、頻度を見ます。健康な猫なら、1日1〜2回はおしっこをします。飲水量が増えておしっこも増えた場合、慢性腎臓病、甲状腺機能亢進症、糖尿病などを疑います。

猫が高齢になったら、「おしっこの状態がよくわかる」ことを主眼にトイレを選んであげるとよいでしょう。1週間交換不要のタイプや、おしっこがかかるとブルーに色が変わる砂などでは、おしっこの重大な異常を見逃してしまうかもしれません。

うんち、おしっこともに、猫のトイレ掃除のときに観察する習慣をつけましょう。

CHAPTER. 2

12歳からの病気ケア

MEDICAL CHECKUP
at hospital
病院で行う健康診断

　猫を飼ったら年齢に関係なく、年に1回の健康診断を習慣づけましょう。12歳を超えてシニア期に入ったら、「半年おきぐらいの頻度」が理想的です。

　健康診断を受けると、その結果に応じた治療プランが提示されます。食事療法や投薬などの自宅ケアを指示された場合は、その効果を判定するために、「○日後、○週間後、○カ月後に来てください」という来院の目安に従いましょう。

　猫は腎臓病になりやすい生き物。高齢になったらとくに気になる病気です。また、健康診断のときに、「いつもどのくらい水を飲んでいますか？」「おしっこの頻度、量はどうですか？」などと聞かれることがあるので、飲水量とおしっこの量は答えられるようにしておきましょう。

　また、いままでよりも水を飲む姿を目にするようになった、器の水の量の減りが早い、おしっこの量が増えてきた、おしっこが出ていないなど、いつもと明らかに違う様子に気づいたら、定期健診を待たずに動物病院へ行きましょう。一刻を争うケースもあります。

「猫を飼ったら健康診断がセット」と考える。

12歳になったら半年おきぐらいの頻度でフルコースの健康診断（60〜120分ほど）をするのが理想です。

健康診断はフルコースで

　健康診断の項目は病院によって異なりますが、血液検査、超音波検査、レントゲン検査、尿検査をひと通り行うと安心。高齢になるとホルモンの病気も増えてくるので前述の検査に加え、ホルモン検査を組み合わせて行うとよいでしょう。高齢猫の代表的な病気として腎臓病、糖尿病、甲状腺機能亢進症、心筋症、腫瘍があり、いずれも早期発見・早期治療が大切です。

　検査自体は項目数にもよりますが60〜120分ぐらいで終わる内容が多く、日帰りでの実施が可能です。ただし、重大な病気が発覚して緊急入院となることもないとはいえません。

　健康診断の項目によっては、結果が出るまでに時間がかかることがあります。各種検査を受け、結果を聞き、今後の健康管理に役立てる……ここまでやって、健康診断の意味があります。

猫を連れて行かずに、尿検査ができる？

　また、猫を連れて病院で採尿するのがベストですが、どうしても連れて行けない場合は、猫のおしっこを取って病院に持参するという手段もあります。時間が経つと検査結果が変わったり、雑菌が繁殖したりするので、「いつ」「どうやって」採ればよいかは具体的な指示をもらいましょう。ただ、尿検査だけでわかる病気は多くなく、たまたま尿検査でわかる病気が発覚しても、重大なほかの病気を見逃す可能性もあります。

CHAPTER. 2
12歳からの病気ケア

MY CAT HOSPITAL
健康なうちにホームドクターを探しておこう

楽しく健康な老猫ライフには、医療機関とのお付き合いが欠かせません。猫が若くて体調がいいときは、動物病院へは足を運ばないことが多いでしょう。ですが、具合が悪くなってから病院を探すのは大変です。そのためにも、普段から頼れる「かかりつけのお医者さん」を見つけておきたいものです。そのためにも、日ごろから健康診断や予防接種で動物病院を受診する習慣をつけ、安心できるホームドクターを見つけておくとよいでしょう。

猫自身も、病気で苦しいときに慣れない病院に連れて行かれストレス倍増するよりも、何度か通い見知った獣医さんに診てもらうほうが安心だと思いませんか？

健康なうちにホームドクター探しをしておこう。

ホームドクターは こう選ぶ

まずひとつは通いやすい病院というのが条件にあげられます。

病気が見つかった場合は通院することも考え、「交通手段」も含めて探してみましょう。そして、「猫に詳しい」というのも選ぶ上ではポイントになるかもしれません。従来、動物病院は犬も猫も鳥も亀も、さまざまな動物が来院します。しかし、獣医師によってそれぞれ得意な分野があります。猫の診療が得意という獣医師の方がよいと思います。待ち合い室で大型犬の隣で待つことになるよりも、静かな猫同士で並んで待つ方がストレスは少ないでしょう。探す方法として、近所の人からの評判や、ネット上の口コミで探していくのもいいでしょう。

「ここだ！」という所を見つけたら、まずはホームページなどで雰囲気をつかみ、次は実際に電話をしてみましょう。それから、自分ひとりで動物病院をたずねて行き、猫の健康診断や予防接種のことを相談して、信頼できそうだったら、猫を改めて連れていくようにする、という手段もあります。

ホームドクターの選び方は？
・通いやすい
・猫に詳しい
・近所の評判やネットの口コミは？
・電話やたずねて相談してみる
・信頼できそうか

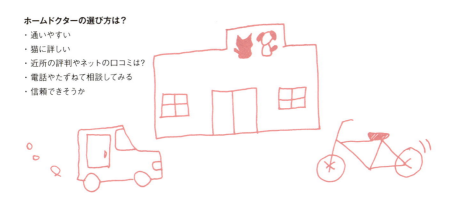

完全室内飼いの猫にも予防接種が必要？

完全室内飼いの猫でも予防接種は、必要と考えます。

なぜかというと、ウイルスによっては飼い主さんが外から持ち込む可能性があるからです。また、自宅から脱走した際に感染したり、動物病院やトリミングサロンで感染するなど、あらゆる状況で感染することが想定できるからです。さらに、ワクチン接種をしていないと利用できないペットホテルも多くあります。

もうひとつ重要なのは、「子猫のうちに1回打てば一生大丈夫」というものではないということです。免疫力を適切に維持するためには、1〜数年に1回の追加接種が必要となります。ワクチンの具体的な種類やタイミングなどは、動物病院で獣医師と相談して決めましょう。

現在、猫ウイルス性鼻気管炎、カリシウイルス感染症、汎白血球減少症、クラミジア感染症、猫白血病ウイルス感染症、猫エイズウイルス感染症は、ワクチンの接種で防ぐことができるようになりました。ワクチンで感染を予防する、もしくは感染しても症状を軽減することができるのです。

室内飼いでも飼い主さんがウィルスを持ち込む場合も。

CHAPTER. 2

12歳からの病気ケア

MEDICAL EXPENSES
気になる医療費について

老猫になると、病院に行く機会が多くなります。猫が小さいころから通っている病院があるのがベストですが、そうでない場合は、若い猫よりも、通院のストレスが大きいという点を加味して、一生つきあえる病院探しをしましょう。

動物病院といっても、「地域に数多くあって選べない！」という声を聞きます。ここではP30でご紹介した病院の選び方を、もっと具体的に説明します。

診療費はホームページには記載されない！

まず、病院が清潔であることは必須です。また、猫はデリケートな生き物なので、「猫専用の待合室」があるところだと安心です。

それから、医療費について。動物医療は自由診療なので病院によって診療費は異なります。動物病院は獣医療法により診療費をホームページや看板に記載することは禁止されているため、診療費は非常にわかりにくくなってしまっています。「思ったよりも費用がかかってしまった」という事態を防ぐためにも費用に関しては事前に質問してみるとよいでしょう。また診療の際に検査や治療にいくらぐらいかかるか、費用の見積もりを出してくれるところだといいですね。

診療費用が安い＝よいは大間違い

また、「安い病院＝良心的」という考えは違います。最新の医療設備を導入しているなど、料金が高いところはそれなりの理由があるはずです。手術をひとりで行うか、麻酔医や執刀医、動物看護師などと分業で行うかで、費用は異なってくるでしょう。多くの人間が関わることでダブルチェック、トリプルチェックができるようになるので安全面でもメリットがあります。

また、動物を押さえての検査や処置をする際にも、少ないスタッフで行うとどうしても無理な力が加わってしまいます。つまり分業のほうが、治療が早く済むので、猫への負担が軽減されるのです。しかし、その分、費用は高くなってしまうこともあるのです。

治療費が安い！　と思っていても……結局は費用が高くなってしまうこともあるので、医療費とケアや、猫のストレス度や、病院との相性などを考えて選んでいきたい。

大切なのは、病院との相性

　そして、飼い主目線でアドバイスをくれる病院（獣医師）は良心的だといえます。飼い主さんは動物のプロではありません。わかりやすい言葉で、素朴な疑問に答えてくれると安心できます。そういう意味では、話しやすい雰囲気の動物病院、なんでも相談できる獣医師がいるところがいいでしょう。さまざまな評判も気になると思いますが、最終的には「猫ちゃんと病院・獣医師」「飼い主と病院・獣医師」のそれぞれの"相性"が重要になります。

CHAPTER. 2

12歳からの病気ケア

SECOND OPINION
セカンドオピニオンの重要性

前述のように、日々の暮らしのなかで頼りにすべきは主治医（ホームドクター）ですが、獣医師にも得意、不得意分野があります。「皮膚病は得意だけど腎臓病は苦手」といったような病院毎の得意・不得意の問題から、医療機器や設備の不備、スタッフ不足などから対応できないケースもあります。そういった場合にセカンドオピニオンを推奨してくれる病院は安心できます。

別の獣医師の意見を聞けば、また違った情報やアドバイスが得られるかもしれないからです。ここではセカンドオピニオンという選択肢について考えていきましょう。

よりよい猫医療のために「セカンドオピニオン」

そもそも人間の医療の世界ではじまったことで、「治療方針を決めるにあたって主治医とは別の医師に意見を聞くこと」をセカンドオピニオンといいます。

獣医師によって、動物医療についての考え方が大きく異なる場合があります。たとえば、重度の病気（ガンなど）になったときに、そもそも治療する必要はないと考えている獣医師もいれば、もちろん治療して命を救いたいと考える獣医師もいます。さまざまな意見を聞くことは、自身の猫の治療に対する考えを知るよい機会になるでしょう。

セカンドオピニオン
具体的にどうする？

セカンドオピニオンを求めるのは、難病や治りにくい病気が発覚した場合だと思います。そのとき、もともとの主治医に、治療経過報告書や血液検査結果など、治療・検査に関するデータをもらうか、もらわないか、悩むことがあるのではないでしょうか。

これは、獣医師の立場から言わせてもらうと、セカンドオピニオンを求めるのは飼い主さんの当然の権利ですから、「検査結果をください」と正直に言って、ぜひ次の病院へ持参してください。多くの病院は対応してくれるはずです。

その理由は猫に同じ検査や治療を繰り返すという負担をなくすためでもあります。

ただし、セカンドオピニオンで病気がよ

通院の大変さもあるけど、一緒に猫と過ごしたいなら……。もっとも猫が苦痛でない方法とは？ など、セカンドオピニオンには、今後の自分に合った治療方法を先生に教わり、考えをまとめるというメリットがあります。

くなったからといって、いままでの先生が悪いかと言うとそうでもないことを覚えておいてください。

「後医は名医」とう言葉があります。

セカンドオピニオンを受ける先生はいままでの検査結果も、この薬を飲んでもよくならないという情報をもって診察することになります。したがって、本当の病気を診断することができる可能性も高くなるわけです。それゆえに名医と思えるのは、当然といえば当然でもあるのです。

セカンドオピニオン後の転院はどうする？

セカンドオピニオン先の獣医師が納得いく説明をしてくれたり、相性がよさそうなどという"よい予感"を感じたら、そこで治療をすること（転院）を検討してもいいでしょう。また、治療費、設備、通院時の交通の便など、多方面から考えてメリットがある場合も同様です。治療の主役は猫ちゃんです。「猫ちゃんにとって最も苦痛がない方法はなにか？」を考えれば、答えは出るはずです。

CHAPTER. 2

12歳からの病気ケア

HOME CARE
自宅ケア 前編

飼い主さんの役割とは?

　老猫になったら通院や入院のため、動物病院で過ごす時間が増えますが、やはり一番長く過ごす場所は飼い主さんと一緒に過ごすことができる自宅です。そのため、猫を自宅でいかに快適に、苦痛なく過ごさせてあげるかという「自宅ケア」が猫のクオリティオブライフに大きくかかわってきます。

　病気の治療中は食欲が減る猫が多いので食事量が減らないように、猫の好みに合わせてフードを選びましょう。食事の好みも年とともに変化します。硬いドライフードが苦手になることもあります。そんなときはドライフードをお湯でふやかして柔らかくしてもよいでしょう。自宅では寝る時間も長くなってきます。一日中快適に過ごせるベッドを用意し、万が一嘔吐しても清潔に保つように心がけましょう。さらに、トイレに行くことが大変になり粗相をしてしまうことがあります。猫の居場所近くにトイレを移動させるとよいでしょう。またトイレの縁を乗り越えることが大変になってくるためバリアフリーにするなど、猫の毎日の変化に応じて工夫していきたいものです。体重

・年齢・病状等を考慮したうえでの食事や飲水、投薬の指導などは主治医に仰ぎ、それにのっとったケアをしてあげましょう。

猫への投薬は
コツをつかめば簡単

　動物病院で薬が出された場合、これを与えるのは飼い主さんの役目になります。とはいえ、猫にとって薬は異物。また、多くの薬は苦いので飲ませることは難しいのです。「はーい、口開けて」なんて言っても絶対に聞かないどころか、ごはんに混ぜてもにおいに敏感なので、すぐにバレてしまいます。投薬にはコツがあるのです。動物病院で相談すると動物病院で獣医師や動物看護師が教えてくれますが、余裕があれば予習しておくといざというときに焦らないでしょう。

　まず、猫に出される薬は「錠剤」「粉薬」「液剤」などの色々なタイプがあります。出された薬の種類と量と、薬を飲ませる時間は必ず守ることが第一のお約束。ちゃんと守ることで薬が有効に作用するだけでなく、薬の副作用を抑えることができます。

錠剤の飲ませ方

錠剤は、(右利きの方は)左手で猫の目の下の頬骨に親指と人差し指を掛け、手の平全体で頭蓋骨を包み込むように頭を持ち、喉が垂直になるように顔を上に向かせます。口が開いたら舌の中央からやや奥に薬を置き、口を閉じて飲み込ませます。錠剤は1個、1/2個、1/4個など、割って与えることを指示された場合は、それに従いましょう。

右手の中指を使って下顎を引く　親指と人差し指で錠剤をつまんで落とす　口を閉じて喉を優しくなでる。その後必ず水を飲ませる(5ml程度)

粉薬の飲ませ方

粉薬は苦味が少ないものであれば、ごく少量(約1.0ml程度)の水で溶かしてからシリンジ(針のない注射器)やスポイトで飲ませます。また缶詰食を食べている猫なら、苦味が少なければ混ぜて食べてくれることもあります。薬を処方されたときには、苦いかどうかを獣医師に確認してみるのもよいと思います。苦味があるものは、カプセルに詰めて、錠剤と同じように口に入れ、飲み込ませるという方法もあります。

液剤の飲ませ方

液剤は、シリンジから投与します。錠剤の飲ませ方と同じで、頭頂部側から頭を包み込むように顔を固定して、上向きにさせ、犬歯の奥の隙間から少量入れ、飲み込んだらまた少量……ということを繰り返し、決められた量を与えます。飲み込んだように見えて、実は口の端っこから吐き出していた！という猫もいるので、薬嫌いの猫ほど投薬は慎重に行いましょう。

CHAPTER. 2

12歳からの病気ケア

HOME CARE

自宅ケア 後編 〜自宅治療を選択した場合

病院嫌いの猫や、通院が負担になるほど病状が悪化した猫の場合、獣医師の指導のもとで、自宅での治療を選択する飼い主さんもいます。

たとえば、老猫によくある慢性腎臓病の場合、「皮下輸液（ひかゆえき）」という方法があります。これは、猫の皮膚の下に針を刺して輸液剤を入れるもので、腎臓病にともなう脱水症状の緩和などの効果があります。慣れれば簡単という意見を耳にすることもありますが、事故の可能性などをなくすため、獣医師の指導のもと行いましょう。皮下輸液は手間もかかることですが、「愛猫の苦痛を可能な限り取り除きたい」と思う気持ちから、一生懸命取り組まれる飼い主の方も多くいらっしゃいます。後悔のないように、最良の手段を選んでほしいと思います。

病院から帰って自宅療養をするとき

病院から帰って自宅療養することになったら、そこからは飼い主さんが猫ちゃんの看護主任となってください。動物病院で食事療法を指示されたときは指定の食事に切り替えてあげてください。また、食事をあげる時間や量もアドバイスに従って与えましょう。腎臓病の場合は、飲水量も重要なので、猫ちゃんがどれぐらい飲んだかがわかる器で与え、飲み方や量をメモしておき、聞かれたら答えられるようにしましょう。

投薬の管理について

投薬の管理は最も重要なことのひとつ。薬は定められた用法と用量を守ることが大切です。1日2回の薬を朝飲ませ忘れたから

自宅での治療を選択した場合は、病院とよく相談し、自分自身が看護主任になるという気持ちで取り組みましょう。

投薬の管理は自分の判断ではなく、獣医師の指示を仰ぐこと。また、同時に食事補助の方法も聞いておくとよいでしょう。

といって、夜にまとめて飲ませるようなことはしないように。飲ませた直後に吐いてしまった場合など、判断が迷う場合は、必ず動物病院へ連絡をして主治医の指示を仰ぎましょう。

また、麻酔や抗がん剤などの影響で食欲がなくなっている場合は、そうした際の「食事補助」の方法を入院・通院時に聞いておくといいでしょう。退院後はさまざまな原因で食欲がなくなってしまうことも多いもの。1〜2日で回復するようであれば心配も少ないですが、それ以上続くと肝臓に脂肪が溜まる脂肪肝になってしまうなどの弊害が出てきます。それを防ぐためにも栄養補給をする必要があります。たとえば、針のない注射器で、口の中に少しづつ流動食を入れてあげる方法などがあります。

自宅療養用トイレの工夫

退院してからも、足腰が弱っていたり、治療の影響で動きが不自由なことがあるので、トイレのバリアフリー化も検討しましょう。

いつものトイレに加え、出入り口の高さがなく、出入りしやすい2個目のトイレがあるといいでしょう。いつものトイレから臭いのついた砂を少量混ぜると、トイレだと認識してくれるようです。

CHAPTER. 2

12歳からの病気ケア

MASSAGE CARE
マッサージもケアです

年を取って弱った愛猫が喜ぶこと、それはマッサージ。飼い主さんによる愛情たっぷりのマッサージは、猫ちゃんの心と体を健康にしてくれる大事なケアです。被毛の状態や健康状態を把握するためにも、とてもよい機会でもあります。

手軽にできる猫への愛情表現

猫はもともとキレイ好き。毛づくろいを熱心にやりますが、年を取ると関節炎の痛みからや、体の柔軟性が失われるため、毛づくろいをあまりしなくなります。そのため、飼い主さんが代わりにやってあげることが必要になります。そのときに体をよく触ってあげることで、体にできたシコリなどを小さいうちに発見できることも。また、皮膚を適度に刺激してあげることは、血行促進につながります。もちろんブラッシングも血流をよくしますので、日々のケアにぜひ取り入れていたいものです。

負担にならないレベルでやさしくマッサージ

マッサージなどのお手入れの時間は、猫と飼い主さんのスキンシップをはかる大切な時間ですが、体力の落ちた老猫の場合は、あまり時間をかけず、手早くするのが重要です。もともとマッサージやブラッシングの習慣がない猫だと、嫌がって隠れようとするかもしれません。気持ちよくお昼寝しているときや、機嫌がよさそうな瞬間を見計らって、猫の行動を妨げない程度から慣らしていきましょう。また、マッサージは排泄の促進という面からも有効です。便が固くなってうんちが出しにくくなった猫には、おなかのマッサージが効くことがあります。うんちが出にくそうなときは、おなかをやさしく「の」の字にマッサージしてあげて。それでも改善されない場合は動物病院に相談しましょう。

代替療法としての効用も見逃せない

マッサージを「代替療法」（医学的治療の代わりに行う治療）という面からも重要と考える飼い主さんもいます。代替療法は、その治療単独では治療が十分とは言いが

CHAPTER.2 **MEDICAL CARE**

頭や目のあたりなど気持ちよさそうな場所を探して、マッサージは時間をあまりかけずにやりましょう。スキンシップをすることで、体の異変を見つけることもできるかもしれません。おなかを「の」の字でマッサージ。うんちが出にくい猫に有効です。

たく、また科学的根拠が乏しいものも少なくありません。動物病院の治療と並行して行う、サポートケアと考えてください。ネット上に猫のための代替療法の情報がさまざま飛び交う現在、なにを信用し、なにを取り入れるか、飼い主さんは悩むところですね。迷ったときは、猫ちゃんがもっとも苦痛を感じないと思われる方法。そして、ご自身が最も後悔しない方法を選んでください。

041

CHAPTER. 2

12歳からの病気ケア

TOP 10 DISEASE from 12
12歳から起こりやすい10大疾病

飼育環境の改善や予防接種の普及などにより、長生きの猫が増えたことは喜ばしいことです。その代わりに腎臓病や悪性腫瘍（がん）、糖尿病などにかかってしまう猫が増えています。これは人間同様に、現代病と言えるでしょう。そうした病気は外見からわかりにくいことが多く、また、猫は病気を隠したがる性質があるため、気づいたときには症状が悪化していたということも少なくありません。

10歳を迎えたら病気について考える

ここでは、猫がかかりやすい病気を予習しておきましょう。いまは健康でも、そうした病気の知識をあらかじめ持っておくことは重要です。不調に気づいたらなるべく早めに病院へ。早期発見・早期治療で助かる命があります。また、猫の病気は単純ではなく、「○○の症状があるから○○の病気だ」といった診断ができません。そのため、症状に合わせて、さまざまな検査を組み合わせて診断を行い、治療方針を立てることになります。

次に「老猫に多い病気10」をあげますので、病気の早期発見に役立てましょう。

老猫に多い病気 ❶

たくさん水を飲み、たくさんおしっこをする

進行すると元気がない、食欲が低下した、吐くことが増える、体重減少など

慢性腎臓病（慢性腎不全）

　以前は慢性腎不全と呼ばれていましたが、医学用語をわかりやすくしようという動きのなかで現在では慢性腎臓病と呼ばれることが多くなってきています。

　慢性腎臓病は高齢期の猫に多く見られる病気です。腎臓が壊れて働きが悪くなり、尿として排泄されるはずの老廃物がろ過されず、体内に残ることからさまざまな症状が起こります。

　初期は「多飲多尿」といって、たくさん水を飲み、たくさんおしっこをするようになります。病気の進行にともない、元気がない、食欲が低下した、吐くことが増える、体重減少などの症状が見られることもあります。そしてさらに進行すると脱水や貧血がみられ、最終的には尿がまったく出なくなったり、痙攣（けいれん）や昏睡（こんすい）などの神経症状が出たりすることがあります。

　この病気は早期発見・早期治療により、余命を伸ばすことやQOLを改善できることが明らかになっています。動物病院では、一般身体検査や血液検査、尿検査、血圧測定、超音波検査やレントゲン検査などの組み合わせで判断し、その猫に合った治療計画を立てていきます。

予防

脱水を起こさせないように日頃から水分補給を心がけましょう。おしっこの量と飲水量が増えるので、日常的にチェックする習慣を欠かさないこと。そして、シニアになったらシニア向けのフードに切り替えましょう。

老猫に多い病気 ❷

多飲多尿、体重減少、多食する！
初期は気づかないことも

糖尿病

猫の糖尿病はインスリンというホルモンが足りなくなったり、作用しなかったりすることから起こります。血液中のグルコース（ブドウ糖）が、組織にうまく取り込まれず、高血糖の状態となり、尿中にグルコースが排泄されて"糖尿"となります。

中〜高齢期の猫に見られることが多く、症状としては多飲多尿、体重減少、多食です。初期の糖尿病は元気や食欲もあるので病気と気づかないこともあり注意が必要です。しかし、病気が進行すると、食欲不振、元気消失、嘔吐、下痢、昏睡となります。

上述した症状に加え、血液検査および尿検査を行うことで、糖尿病は診断がつきます。場合によっては糖尿病を起こす原因のひとつである膵炎（すいえん）の有無や、その他の併発疾患を確認するうえでも、レントゲンや超音波検査を実施することがあります。

治療としては、自宅でのインスリン療法、食事療法が一般的に行われます。

予防

肥満は糖尿病のリスク要因のひとつなので、適正な体重管理を行いましょう。飲水量と尿量の増加、しっかり食べているのに体重が減るなどに気づいたらすぐに動物病院へ。

老猫に多い病気 ❸

突然、後ろ足が麻痺する！

肥大型心筋症

　心筋症とは、心臓を動かす筋肉が薄くなり過ぎたり厚くなり過ぎたりする異常により、心機能が低下する病気のこと。その結果、全身に血液を送れなくなる怖い病気です。猫では心臓の筋肉（心筋）が厚くなる「肥大型心筋症」が多いと言われています。

　肥大型心筋症は左心室の筋肉が厚くなり左心室内が狭くなる病気で、このため全身に血液を送る量が少なくなり、その結果、肺に水が溜まる肺水腫や、胸水・腹水などが溜まり、呼吸が苦しくなります。心臓の機能が極端に低下するため命に関わる怖い病気です。また、心臓のなかで血液の流れが滞ることで血栓ができやすくなります。この血栓は心臓から流れ出て、動脈に詰まってしまうことがあります。症状としては突然、後ろ足が麻痺するというのが有名です。

　この病気はメインクーンとラグドールの2品種では遺伝性の病気であることが確認されています。近年では遺伝子検査ができるようになっています。

予防

若年での発症は遺伝の問題であることもありますが、多くは加齢によりリスクが高まります。健康診断で心臓のチェックを行い早期発見・早期治療を心がけましょう。

老猫に多い病気❹

体重減少、多食、嘔吐、下痢、多飲多尿、夜鳴きする！

甲状腺機能亢進症

人間の「バセドウ病」とよく似た病気です。甲状腺ホルモンが過剰に出て、各組織の代謝を亢進させます。7歳以上の猫はこの病気にかかるリスクが増えます。多くは、甲状腺の過形成か良性の腺腫よるものですが、まれに悪性腫瘍であることもあります。

よく見られる症状は、体重減少、多食、嘔吐、下痢、多飲多尿、夜鳴きなどです。また、性格が変わったようにみえることがあり、攻撃的になったり、活発になることもあれば、その逆に無気力になることもあります。また、二次的に、心筋障害、腎機能低下、高血圧などを引き起こすこともあるため注意が必要です。

検査としては、甲状腺ホルモンの測定（血液検査）により診断が可能です。また、併発疾患の確認のために、一般血液検査やレントゲン、血圧測定、超音波検査などを実施することもあります。治療としては、投薬や食事療法があります。その他に、外科的に腫大した甲状腺を摘出することもあり、猫の状態に合わせて治療計画を立てましょう。

予防

7歳を過ぎたら、主治医と相談して定期健康診断を受けましょう。体重減少や食べ方の変化に気づいたら病院へ行きましょう。

老猫に多い病気❺

リンパ腫ができる場所で異なる呼吸困難・嘔吐・下痢・くしゃみ・鼻血がある！

リンパ腫

悪性腫瘍（がん）のひとつで、猫に最も多い悪性腫瘍と言われています。リンパ腫は体のいろいろな場所にできてしまいます。代表的なものとして胸部にできるタイプ、胃や腸にできるタイプ、鼻にできるタイプ、腎臓にできるタイプがあります。症状はリンパ腫ができる場所によって大きく異なります。胸部にできるものは呼吸困難が、胃腸にできるものは嘔吐や下痢などの消化器症状が、鼻にできるものはくしゃみや鼻血などそれぞれ違った症状がでます。そのため疑うことが難しい病気とも言えるでしょう。ただ共通の症状としては食欲不振や体重減少などの症状が見られます。発見が遅れがちなので、定期的な健康診断や検査で早期発見を心がけましょう。

治療としては化学療法（抗がん剤）、手術、放射線治療のいずれか、もしくは組み合わせて行うことが一般的です。

予防

猫白血病ウイルスが原因となることがあるので、外出する猫ちゃんの場合、ワクチンは接種しておいたほうがいいでしょう。また、飼い主さんの喫煙が愛猫のリンパ腫の発生リスクを高めるという説もあるので、愛煙家は猫のために禁煙してみてはいかがでしょうか？

CHAPTER. 2

12歳からの病気ケア

老猫に多い病気❻

胸からおなかにかけて「しこり」がある！

乳腺腫瘍（乳がん）

乳腺にできる悪性腫瘍（がん）。中〜高齢のメスで発生が多いために注意が必要です。最初は小さな「しこり」ですが、次第に大きくなっていきます。大きくなると腫瘍の表面の皮膚がはがれてしまい、場合によっては膿（うみ）が出てきてしまいます。乳がんの危険性はそれだけではありません。発見が遅れて大きくなるにつれて体のほかの部分に転位する可能性が高くなります。乳がんが転位をする代表的な場所は肺です。肺に転位をすると次第に呼吸が苦しくなってきます。

治療としては外科手術が一般的です。腫瘍は大きくなってからよりも、小さいうちに手術する方が、治療成績はよいという研究結果があります。猫の乳腺は人とは違い4、5対あります。とくに中〜高齢の猫ちゃんの場合は日頃から胸〜おなかにかけて触ってあげて乳腺にできた「しこり」を見逃さないようにしましょう。そして万が一発見したら様子を見ずにすぐに動物病院を受診してください。

予防

発情が来る前に避妊手術を行っていると発生率が下がるという研究者もいます。妊娠・出産の予定がない猫ちゃんの場合は早期に避妊手術を行うことが予防になるかもしれません。

老猫に多い病気❼

鼻水やくしゃみが出る！
進行すると膿がたまり、
歯が抜けることも！

歯肉炎・歯周病

きれい好きな動物である猫。体をきれいにするためにグルーミングを熱心にする姿はよく見かけます。とはいえ、歯を自分で磨くことはできません。猫も人と同じように歯を磨かなければ歯石がたまり、そして歯肉炎・歯周病になってしまいます。この病気は進行すると歯が抜けてしまいます。最後まで食事をおいしく食べるためにも歯の健康は維持したいものです。

歯肉炎・歯周病が進行すると、あごの骨の中まで膿がたまってしまうことも。

上あごと鼻は非常に近い場所にあります。上あごの歯周病が悪化して、骨まで膿が侵入し鼻に到達すると慢性的に鼻水やくしゃみが出てしまうことがあります。

また、ある日、頬が膨らんで中から膿が出てくるなんてこともあります。そうなってしまうと投薬治療だけで治すことは難しく、抜歯が必要になります。

予防

歯肉炎・歯周病の原因として一番多いのはやはり歯の汚れ。それを防ぐためにもできれば、ハミガキの習慣をつけましょう。理想的には毎日ですが、難しいようであれば3日に1回でも効果的です。

老猫に多い病気 ❽

うんちが出ない！

便秘

「便秘」というのは厳密には病名ではなく便がでないという症状の名前です。便秘を引き起こす病気は多岐にわたります。代表的なものとして先にもあげた慢性腎臓病や大腸の病気、大腸や骨盤周囲に発生する腫瘍、骨盤の骨折や変形、後ろ足の痛みなどです。猫は繊細な動物なので同居猫と仲が悪く、いじめられているなど精神的な問題や飼い主さんがトイレの掃除をさぼってしまっただけでも起こることもあるのです。

治療は原因となる病気の治療を第一に考えます。ただ、その病気が特定できないこともしばしばあります。そのようなときは、便をやわらかくするための投薬治療に加えて、便秘対策用の療法食による食事療法を行います。投薬治療や食事療法に反応がない場合は外科的に緩んで縮まなくなってしまった大腸を切除する手術を行うことで便秘が解消されることがあります。

予防

便秘を起こしている病気にもよりますが、脱水症状は便秘を悪化させます。まずは水分補給を心がけましょう。また先にも述べましたがトイレが汚れているとうんちをするのを我慢してしまいます。トイレはつねに清潔にして気持ちよく排便できるようにしてあげましょう。

老猫に多い病気❾

食欲がない、よく吐く、元気がない、下痢をする

膵炎（すい炎）

　膵臓（すい臓）はあまりなじみがない内臓かもしれません。すい臓の役割は大きくわけて2つあります。ひとつはインスリンなどのホルモンを分泌しています。先述の「糖尿病 P42」の原因としてすい臓の機能が低下してしまうことがあげられます。ふたつ目の役割は「すい液」という消化酵素を分泌するというものです。このすい臓に炎症が起きた病気をすい炎と言います。

　実はこのすい炎は猫に非常に多い病気と言われています。一般的な症状は食欲がない、よく吐く、元気がない、下痢をするなどです。ひと昔前はこのすい炎を診断する事は非常に難しかったのですが、新しい検査法の開発や検査技術の向上により現在では比較的簡単に診断ができるようになりました。思い当たる症状が出たときはすぐに動物病院を受診しましょう。ただし、このすい炎の特効薬はまだ開発されていません。重症化すると致死率も高い非常に怖い病気です。早期発見・早期治療を心がけましょう。

予防

犬では高脂肪の食事を与えないことが大切ですが、猫では食事中の脂肪分との因果関係はよくわかっていません。ただ、肥満猫はすい炎になりやすいという報告もあるため、適正体重を維持することが大切と言えるでしょう。

CHAPTER. 2

12歳からの病気ケア

老猫に多い病気❿

運動が嫌いになった、毛づくろいをしなくなった、
爪研ぎをしなくなった
進行すると高い所に登れなくなったり、
足をかばって歩く

関節炎

　人間も年をとると膝や腰の関節が痛くなることが多いと思います。実は猫も同じ。猫は加齢にともない関節炎が増えてきます。12歳以上の猫の70%が関節炎になっているというデータもあります。

　症状としては運動が嫌いになった、毛づくろいをしなくなった、爪研ぎをしなくなったという軽いものから、進行すると高い所に登れなくなったり、足をかばって歩くようになったりします。

　関節炎を診断するにはレントゲン検査が有効です。この関節炎は膝や肘、股関節に多く発生するためこの部分のレントゲン写真を撮影する必要があります。上記のような症状がでていたら単純に歳のせいと思わずに「関節炎かも？」と気にするようにしてください。

　実はこの関節炎を治す薬はまだ見つかっていません。痛みが弱いうちはグルコサミンなどの成分を配合したサプリメント。痛みが強くなってきたら消炎鎮痛剤をつかうことが一般的です。いずれにしても生涯この病気とはつきあっていかなければならないのです。

予防

関節炎にしないための予防策はありません。ただ、関節炎が出てしまった時に少しでも症状を重くしないためにも適正体重を心がけましょう。肥満体型では当然関節にも負担がかかってしまうのです。

CHAPTER 2　MEDICAL CARE

OTHER DISEASE
老猫に多い病気一覧

前章で書ききれなかった、高齢猫に代表的な病気をピックアップしました。病気の解説と主な症状をご紹介します。

感染症

〈食欲不振、発熱、下痢、貧血になる〉
猫白血病ウイルス感染症

母猫のお腹の中で感染したり、感染猫と喧嘩をしたりして感染する。数週間から数年間の潜伏期間がある。リンパ腫を発症したり貧血を起こすことがある。発病すると、回復の可能性は低いが、対処療法で苦痛を取り除く。

予防：ワクチン接種

感染症

〈くしゃみ、鼻水、発熱、結膜炎が出た〉
猫ウイルス性鼻気管炎

猫風邪の一種。感染猫との直接接触、空気中に飛び散った鼻水や唾液から感染。慢性化するとウイルスが体に一生残るので、完治させることが大切。

予防：ワクチン接種

感染症

〈口内炎、目やに、よだれ、涙、くしゃみが出た〉
猫カリシウイルス感染症

人にはうつらない猫風邪の一種。重症化すると口内炎を起こすことが。子猫、高年齢猫は免疫力も低く、命にかかわるので早めの治療を心がける。

予防：ワクチン接種

呼吸器

〈せきや呼吸器困難になる〉
喘息（ぜんそく）

空気中に浮遊するホコリや花粉、トイレ砂などのアレルギー症状によって気道粘膜が刺激される。症状が悪化すると呼吸困難から死に至ることもある怖い病気。

予防：早めにアレルギーを特定し、原因のアレルゲンや刺激物質を接触させないこと

053

呼吸器

〈呼吸困難〉
膿胸

気管支炎や肺炎による激しいせき、またケンカや事故などの外傷で胸壁や気管、肺などに穴が空き、細菌が侵入して膿がたまる。

予防: ワクチンで予防、ケガをしないように室内飼い

腫瘍

〈口臭、よだれがある〉
扁平上皮がん

まぶた、耳、鼻、口腔内に発生するがん。紫外線の浴び過ぎが原因である場合も。口腔内にできると口臭、よだれ。進行するとあごの変形などが見られる。

予防: 白い猫は紫外線の影響を受けやすいので注意

耳の病気

〈耳が赤く腫れてかゆい、耳あかがひどい〉
外耳炎

外耳道が炎症を起こした病気。ケンカによる外傷、細菌やカビの感染、耳ダニの寄生など原因は多種に渡る。慢性化しやすいので、早めに治療。

症状: 耳が赤く腫れてかゆい、耳あか、耳だれ、異臭などがある
予防: こまめにチェックし、耳は清潔に保つ

消化器の病気

〈慢性的に下痢や嘔吐を繰り返す〉
炎症性腸疾患(IBD)

胃腸炎による下痢や嘔吐を慢性的に繰り返す。原因は、遺伝性、食物アレルギー、細菌感染など複合的なものと考えられている。

予防: 確実な予防法はないので早期発見を心がける

消化器の病気

〈吐き気、食欲不振、下痢、便秘がある〉
毛球症

飲み込んだ毛が上手く排出されず、大きなかたまりとなって胃腸の動きを阻害する。高齢になると猫自身でグルーミングが出来なくなるため要注意。

予防: ブラッシングをこまめに行う。サプリメントで毛玉を排出させる。また毛球症対策用の繊維質を含んだフードをあげる

泌尿器の病気

〈頻尿になる、血尿が出る〉
膀胱炎

膀胱が炎症を起こす病気。若いころはストレスが原因である事が多いが、高齢になると膀胱結石、腫瘍、細菌感染などが増えてくる。またトイレが汚いと排尿を我慢してしまうため注意が必要。

予防: トイレの環境をよくする。早めの発見を心がけ、排尿の様子を観察する

泌尿器の病気

〈尿が出ない、血尿が出る〉
尿道閉塞

尿道に結晶などが詰まり排尿できなくなる。尿道の細いオスがかかりやすい。高齢になると結晶以外にも腫瘍などで尿道閉塞を起こすことも。

予防：食事内容のチェック、水をよく飲ませる

目の病気

〈充血、かゆみ、目やに、涙がある〉
結膜炎

結膜が炎症を起こしている病気。猫ヘルペスウイルスなどが原因の感染症やケンカでの傷が原因になることもある。

予防：完全室内飼育の徹底とワクチン接種。同居猫がいる場合は喧嘩をさせないようにする。

目の病気

〈まばたきをよくする、目をこする〉
角膜炎

角膜に炎症を起す病気。目に異物が入ったり、猫ヘルペスウイルスの感染、ケンカによる傷などが原因となる。またペルシャは体型的また遺伝的に角膜の病気が多いと言われている。

予防：完全室内飼育の徹底とワクチン接種。目を傷つけないように注意

鼻の病気

〈くしゃみ、鼻水がでる〉
鼻炎

鼻の粘膜に炎症が起こる病気。原因は、猫ウイルス性鼻気管炎、猫カリシウイルス感染症、アレルギーなど。まれではあるが腫瘍が原因であることも。

予防：感染症はワクチン接種。早期発見、早期治療を

皮膚の病気

〈皮膚に赤い斑点ができ、かゆみ、脱毛、かさぶたができる〉
アレルギー性皮膚炎

ノミの寄生の他に食べ物、カビ、花粉などが原因となる。皮膚に赤い斑点ができ、激しいかゆみを起こす、脱毛やかさぶたができる。

予防：ノミが原因の場合は、外用薬で駆虫する。食べ物の場合は、アレルギーを起こさないものに変更する

皮膚の病気

〈円形脱毛、かさぶたができ、フケがでる〉
皮膚糸状菌症

皮膚にかびの一種である糸状菌が感染して起こる病気。ほかの猫だけでなく人間にも感染することがある。

予防：部屋を清潔にし、通気性をよくする。脱毛チェックで早期発見する

※もちろん猫の病気はこれだけではありません。同じような症状をだす病気は他にもあります。症状から自己判断せずに気になることがあれば動物病院を受診しましょう。

CHAPTER. 2

12歳からの病気ケア

Do cats suffer from
DEMENTIA

猫に認知症ってある？

老齢猫において、脳の老化に伴って生じる行動の変化を「認知機能不全」と呼んでいます。これは、人間の認知症と同義語として使われています。本章では便宜的に「猫の認知症」と言い換えてお話しします。

猫の認知症のサインとされる、具体的な行動の変化をあげてみます。

〈認知症と思われる行動の変化〉

- 知っている場所で迷う
- 飼い主さんが呼んでも無反応
- 飼い主さんや同居している他の動物と関わろうとしない
- 夜間に起きて鳴き続ける
- トイレの場所や、過去に学習したことができなくなる
- 活発でなくなる、もしくは逆に活動的になり過ぎる
- 探索行動の減少
- 毛づくろいなど自己ケアをしなくなる
- 食事を摂ることへの興味がなくなる
- 意味のない繰り返し行動をする

このような行動が見られるときには、認知症の疑いがあります。

ある報告では、11〜15歳の猫の約3割、15歳以上の猫では約半数が認知症と診断されています。すべての猫で起こるわけではありませんが、実際の罹患率はかなり高いのです。

臨床徴候がみられるのは犬たちよりも猫の方がやや遅く、10歳齢頃からとされ、「性別や品種による偏りはとくにみられない」と言われています。

「単なる老化」として見逃され、放置されている猫がいる可能性もあります。気になるときは動物病院でかかりつけの獣医師に相談しましょう。

環境に小さな変化を加えて脳を刺激することが大事

認知症と診断するには身体機能を低下させる別の病気が隠れていないかを調べることも重要です。たとえば、変形性関節炎、高血圧、甲状腺機能亢進症、慢性腎臓病、糖尿病、歯周病、脳腫瘍などです。原因となる病気が見つかった場合は、まずその治

療を行う必要があります。

　老猫の認知症の対処としては、散歩（室内でも十分です）や遊び、人や他の動物と関わる機会を積極的につくること、環境に小さな変化を加えて脳を刺激することなどを飼い主さんが意識的に行うことがすすめられます。猫ちゃんの心身への刺激を与えて活発にし、認知症にさせない、また認知症を悪化させないことが大切です。

　その一方で、視力や聴覚などの感覚機能が低下することにより、若いころに比べて猫自身が不安を感じやすくなります。そのため、遊んだり抱き上げたりするときなどには、いきなりではなく、声をかけながら猫ちゃんに気づかせてあげながら行うという配慮も必要になってきます。

1年間でかかるシニア猫の経費
～猫貯金のすすめ～

猫と暮らしてゆくには現実的にお金がかかるものです。東京都の調査では「生涯135万円」ほどかかるという結果も。費用がかかるものとしては大きく3つあります。食事代とトイレ砂などの日用品、そして医療費です。高齢になっても日々の食事代やトイレ砂の代金はさほど変わりませんが、医療費は別。人と同じように若いころはほとんど病気をしなかった猫も、年をとるにつれて病気がちになることも。人間と違い猫はあまり保険が普及していません。急な手術や入院では思わぬ出費になることも。いざというときに備えて若いころから「猫貯金」をしておくのもひとつの手だと思います。

猫の飼育費用

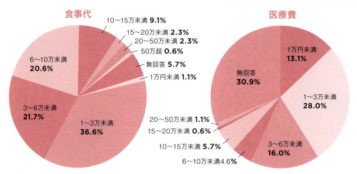

一番多いのが、年間「1～3万未満」で猫飼育者の36.6%を占める。次に多いのは「3～6万円未満」、「6～10万円未満」

年間「1～3万円未満」がもっとも多く猫飼育者の28.0%を占める。次に多いのは「3～6万円未満」

もっとも多い金額として、食事代3万円、医療費3万円、そのほか3万円と考えると、年間約9万円の費用が必要。平均寿命は15歳なので、生涯にかかる金額は、約135万円。初期費用などを含めると、これ以上の金額が必要となります。

※東京都における犬及び猫の飼育実態調査（平成23年度）を元に作成

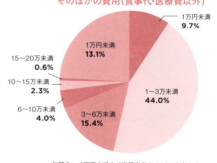

年間「1～3万円未満」が猫飼育者の44.0%を占める。次に多いのが「3～6万未満」

CHAPTER. 3

12歳からの暮らしの心得

イロイロアルニャ

CHAPTER. 3

12歳からの暮らしの心得

FOOD!!!
キャットフードの話

ペットショップやホームセンターで、キャットフードコーナーに足を運ぶと非常にたくさんの種類のものが売られています。「数ある食事の中からどれを選べばよいかわからない」、そんな声もよく耳にします。本章ではキャットフード選びで見逃せないポイントについてお話します。

フードは、ラベルを見て選ぼう

キャットフードを選ぶときにはついつい袋の表に目が行きがちです。商品名や材料となる食材が色鮮やかに、そしておいしそうに描かれていることが多いと思います。ですが、大切なことは裏のラベルに書いてあるのです。

キャットフードのラベルには商品名やキャットフードの目的、成分、原材料、賞味期限などが必ず記載されています。大事なポイントとして、『キャットフードの目的』に注目してみてください。

キャットフードの目的として大きく分けて

1: 総合栄養食
2: 一般食
3: その他の目的食（おやつ）
4: 療法食

があります。

キャットフードの目的

「総合栄養食」というのは、その食事と水のみで猫の必要な栄養素をすべて満たすものです。字のとおり、総合的に栄養を満たす事ができるフードであると考えてください。

「一般食」というのは、その食事だけでは栄養素を完全には満たしていないものです。必ず"総合栄養食と併用してお与えください"というような記載がされています。一般食だけを食べていると栄養が偏ってしま

うので、これを主食にすることはあまりおすすめできません。

「おやつ」は名前のとおりいわゆるおやつです。やはりこれを主食にすると栄養は偏ってしまい病気の元にもなってしまいます。あくまでもおやつ程度にしてください。

最後の「療法食」とは特定の病気の予防や治療のための食事です。基本的には動物病院で診察を受けて、病気がわかった後にその病気の治療や予防に必要なときに食べるものです。この療法食は間違って食べてしまうと病気をさらに悪化させる場合もあります。また、動物病院での診察をせぬまま長期間与えると別の病気を誘発する可能性があるものありますので必ず動物病院で相談してください。

ほとんどのキャットフードには上記のキワードが記載されているので一度チェックしてみてはいかがでしょうか。

ドライ？ ウエット？ どちらがいいの？

また、ドライフードがよいか？ ウェットフードがよいか？ という問題もあります。ドライフードは保存性という点では優れています。また歯が汚れにくいというのもよい点といえるでしょう。ただ、ドライフードの場合はどうしても水分摂取量が減ってしまいますので水分をこまめに採れるように工夫する必要があります。逆にウェットフードは水分をとりやすいというメリットはありますが、夏場などに長期間置いておくと痛みやすかったり、歯石が溜まりやすかったりとデメリットもあります。この辺りを総合的に考えてキャットフードを選んでみてはいかがでしょうか？ 選ぶことが大変であればかかりつけの動物病院で相談してみてもよいと思います。

ウェットフードは痛みやすいが、水分をとりやすい。

ドライフードは保存できて、歯が汚れにくい。

CHAPTER. 3
12歳からの暮らしの心得

FOOD 2!!!
キャットフードの話 ②

シニアフードって なにが違うの?

　ここでは老猫ちゃんの具体的なキャットフードの選び方を解説します。キャットフードの中には猫のライフステージに合わせた商品がラインナップしているものがあります。現在、市販されているものの多くは「子猫用」「成猫用」「老猫用」の3タイプ販売されています。「子猫用」は成長に必要な栄養素を効率よく摂れるように作られています。それでは「老猫用」は、「成猫用」と、なにが違うのでしょうか?

　老猫(シニア)用のキャットフードの特徴として

- 高品質で消化によい材料で作られている
- 抗酸化物質を配合してアンチエイジングケアをしている
- 腎臓の健康を維持するために栄養価を調整している
- 関節の健康を維持するためグルコサミンやコンドロイチンなどを配合している

などがあげられます。老化に対抗するためにいろいろな工夫がされているのです。やはり猫ちゃんが老齢になったら、老猫用のキャットフードを選ぶようにしましょう。

7歳からの老猫キャットフードは

★アンチエイジング
★ビタミンE、C、食物繊維が豊富
★グルコサミン配合で骨や関節に○

年を取ると歯肉炎や歯周病の影響でドライフードが食べられなくなることも。その場合ウェットフードやシリンジで流動食を食べさせましょう。

シニアフードへの切り替えどきっていつ?

　老猫用フードには何歳から切り替えるべきでしょうか? 猫は人間よりも早く年を取ります。猫の平均寿命は室内飼育の猫で15.4歳((社)ペットフード協会調べ)と言われています。猫の7歳はまだまだ若いと思いがちですが、人間に換算すると44歳。そろそろ壮年期の始まりです。シニアフードへの切り替えは早くて、7歳頃から、遅くても中年期が始まる11歳までには切り替えた方がよいと思います。(年齢換算表P24参照)

老猫ちゃんによっては食べられなくなる場合も

　さらに年をとると歯肉炎や歯周病の影響で歯に痛みがでたり、抜けてしまったりする猫が多くなります。そうなると口の中の痛みから中にはドライフードが食べられなくなってしまう猫ちゃんもいます。もちろん歯の治療を行うことが最優先ですが、それまでの間はドライフードをふやかすか、ウェットフードをあげる必要があるでしょう。それでも、食べてくれない場合は流動食をシリンジ(針のついていない注射器)で食べさせる必要があります。

老猫ちゃんの食事の工夫

　また高齢になると筋力が低下したり、関節炎の痛みのため屈んで食べることが難しくなる場合があります。そのようなときは、食器や水の容器を5センチくらいの台の上に置いてください。そうすると身体を曲げずに食べられます。そうすることで身体の負担も少なくなり、たくさん食べられる猫ちゃんもいます。

関節炎でかがめないときは台の上に容器を置くなど工夫しよう。

CHAPTER. 3

12歳からの暮らしの心得

WATER!!!
老猫ちゃんに大切な「水」の話

　高齢になると、脱水症状を起こさないためにも日頃からの水分補給が大切になります。猫ちゃんに水をたくさん飲ませることはけっこう難しいもの。ここでは「猫ちゃんに水を少しでも飲んでもらうための10個のヒント」をお伝えします。

水を少しでも飲んでもらうためのヒント10

ヒント 1
ドライフードからウェットフードに変更してみる。もしくはウェットフードの割合を増やしてみる

一般的なウェットフードは75-80％が水分なので食事と一緒に水分がとることができます。

ヒント 2
食事の回数を増やしてみる

同じ食事量でも小わけにしてこまめにあげることで、飲水量が増えるという研究結果があります。

ヒント 3
つねに新鮮な水を用意する

猫は新鮮な水を好む場合が多く、できるだけこまめに水を取り替えましょう。とくに夜に水を飲む猫ちゃんも多いので、寝る前に新鮮な水を汲んであげてみましょう。

ヒント 4
くちの広い器を使う

神経質な猫ちゃんはヒゲにものが触れると食事や飲水を止めてしまうことがあります。食器の縁にヒゲがあたらないような直径の大きな食器に、たっぷり水を入れるのもひとつの方法です。

ヒント 5
さまざまなタイプの水を試す

猫は食事と同じくらい水の味や温度に敏感です。冷たい水や温めた水、浄水器を通した水や市販のボトル入りの水などお気に入りの水を探してみてはどうでしょう？

ヒント 6
水に香りをつける
魚や鶏肉のゆで汁などを少し足してみると風味がついて気に入ってくれるかもしれません。塩分が過剰になってしまうので調味料は使わないように。

ヒント 7
流水を試してみる
洗面所やお風呂場の水道の蛇口を少しだけひねって流水を用意してみてもよいかもしれません。ペットショップなどでは『飲水用の噴水』も販売しています。循環式のものは衛生面に注意してこまめに水を取り替えましょう。

ヒント 8
水の器はできるだけ清潔にして、トイレから離れた場所に置く
猫の嗅覚は敏感なので器が汚れていたり、また、トイレと近い場所にあったりするとその臭いが気になって水を飲んでくれないこともあります。食器は毎日洗い、トイレと器は離して置きましょう。

ヒント 9
食器の材質を変えてみる
食器の材質にもこだわりを持っている猫ちゃんがいます。ガラス、陶器、セラミック、ステンレス製など、好みはさまざま。いろいろと試すのも手だと思います。

ヒント 10
ほかの猫と食器を共有させない
ほかの猫ちゃんと一緒の食器だと気にしてあまり飲水をしない猫ちゃんがいます。猫が複数いるお家では、飲水用の食器の数を増やしてみてもよいと思います。

以上が、少しでも水を飲んでもらう10個のヒントです。
　これらをすれば必ず水を多く飲んでくれるというわけではありませんが、無理のない範囲で試してみてはいかがでしょうか。

CHAPTER. 3

12歳からの暮らしの心得

TOILET
理想的なシニアトイレを考えよう！ ①

トイレのタイプ

　まずは大きさのお話です。理想的なトイレの大きさは、猫ちゃんの体長（頭の先からお尻までの長さ）の1.5倍以上の長さがあるものです。トイレの縁に足をかけながら下半身だけトイレにいれておしっこをしていたことはありませんか？　もしそのような格好でトイレをしているようであれば、トイレが小さ過ぎるのかもしれません。

　大きな猫ちゃんですと、体長の1.5倍のサイズのトイレを探すことは結構大変かもしれません。そのような場合はプラスチック製の「衣装ケース」などを利用する手もあります。また、深さも重要です。あまり浅いと、しっかり砂をかけたりできません。ある程度の深さがあるものを選んでください。

　最近は、屋根つきトイレも多く販売されています。屋根つきのものは砂が飛び散らないので便利なのですが、うんちやおしっこをしたままにしておくと臭いがこもってしまいます。神経質な猫ちゃんにとっては、快適でないトイレになってしまいがちです。

　野生の猫や野良猫のトイレの様子を観察すると、狭い所は選びません。トイレ中

は無防備になるのでいつでも逃げ出せるように比較的見晴らしがよい場所を選んでトイレをする傾向があります。トイレは屋根を外したほうが快適なこともあります。

また、どうしても屋根を外せない場合は、とくにこまめに掃除してあげてくださいね。猫は年を取ってくると関節炎になりやすく、トイレの縁を乗り越えて用を足すのは、ひと苦労です。そうなったら、トイレの前にステップをおいてあげると、トイレに入りやすく筋力の落ちた高齢猫ちゃんには優しいですね。

砂のタイプ

猫のトイレ用砂はいろいろなタイプがあります。鉱物系や紙砂、おから系、シリカゲルなどさまざまなものが売られています。理想的な猫砂は、粒子の細かなものです。掘ったり、かけたりしやすいことが理由です。ただし、猫ちゃんによって好みは異なりますので、どういったタイプが好きかをいろいろ試してみるとよいでしょう。

トイレの数

トイレの容器と砂が決まったら、次はトイレの数です。理想的なトイレの数は「猫ちゃんの数+1」以上です。1匹のご家庭は2個以上、3匹のご家庭は4個以上が理想とされます。多頭飼育の場合は、なかなか多くのトイレを用意することは難しいと思います。その際は猫ちゃん達をなかよしグループに分けて、その「グループの数+1」を用意していただくとよいと思います。快適なトイレライフのためにも猫ちゃんの数に合わせて、予備のものを準備しておいてください。

CHAPTER. 3

12歳からの暮らしの心得

TOILET
理想的なシニアトイレを考えよう！ ②

トイレの場所

　次は場所です。トイレの場所は、猫ちゃんが普段生活している空間からそんなに遠くない場所が理想的です。普段リビングで生活している猫ちゃんなのに、廊下の先にある玄関にトイレがあるとトイレに行くのも面倒くさくなってしまうかもしれません。生活スペースから離れていない、アクセスしやすい場所が最適です。かといって食事をする場所からあまりにも近いのも考えものです。私たちもあまりトイレの近くでは食事をしたくはありませんよね。

　そして、夜に完全に真っ暗になる場所もNGです。猫ちゃんは人間とは違い暗い所でもものを見ることができます。しかし、これは人間では見ることができない位の少ない明かりでも見ることができるのであって、いくら猫ちゃんでも真っ暗な中ではものを見ることはできません。真夜中になり電気を消していても、リビングはカーテンの隙間から光や、テレビやDVDプレーヤーの待機灯など少ない光があるものです。ところが、窓が無いトイレ等は夜になると真っ暗になってしまいます。まったく光がない場所では、猫ちゃんも見えなくなるのでトイレに行くことが難しくなってしまいます。

　飼い主さんがよく通る場所（廊下など）やリビングのテレビの前など、人の目がつねにある場所も落ち着かないかもしれません。トイレの中は無防備なので、落ち着いてトイレができない場所は避けましょう。また、大きな音がする場所（洗濯機やスピーカーの近くなど）もあまりおすすめできません。猫ちゃんがトイレ中に偶然、洗濯機の脱水が始まるととてもびっくりしてしまいトイレが嫌いになってしまうかもしれません。

生活スペースから離れていない場所にトイレがあるのが理想的。リビングで過ごすことが多い猫ちゃんなら近くの場所でかつ食事の場所から離れているところが○。

真っ暗な場所や人の行き来がある廊下や人の目がつねにあるリビングのテレビ前、また、洗濯機やスピーカーなど音がうるさいところは落ち着かないので×。掃除には臭いの強い洗剤を使うのもNG。

掃除の仕方

　最後はお掃除です。人間も清潔なトイレを使いたいですよね？　猫ちゃんもそれは同じです。おしっこやうんちをしたらできるだけ早く片づけてあげてください。また、2〜4週間に一度砂を全部交換するのもよいと思います。定期的にトイレの容器も洗いましょう。そのときに使う洗剤は柑橘系の臭いがついていないものをおすすめします。もともと猫は柑橘系の臭いが嫌いなので、あまり臭いの強い洗剤は使わないようにしましょう。

　トイレに入っているときに嫌な思いをすると、トイレと嫌な記憶が結びついて、トイレが嫌いになってしまうことがあります。たとえば膀胱炎などで排尿時に強い痛みがあった、便秘がちで排便が苦痛など、その理由はさまざまです。そのような場合は、獣医師を相談して痛み止めを使ったり、便通をよくする対策を早めにしましょう。

CHAPTER. 3

12歳からの暮らしの心得

INTERIOR
できるだけストレスを感じない環境づくり

1 高い場所に設置したタワーなどの撤去を考えよう

猫は高い所が好きな生き物です。しかし、運動不足を解消するために設置したキャットタワーやキャットウォークなどが、老猫ちゃんには危険な場所になることも。筋力の低下で登れなかったり、降りる際にふらついて落下したり……。猫ちゃんの様子をみながら撤去も考えましょう。

2 お昼寝の場所を用意しよう！

高齢になると猫ちゃんは一日お昼寝して過ごすようになることも。部屋の中でも猫ちゃんためのくつろげる場所を用意してあげてください。専用のベッドや、隠れられる箱などがあると安心できます。また、好きな毛布などを丸めておくだけでも潜り込んでお昼寝できると思います。多頭飼育の場合はそれぞれの猫ちゃん用に用意してあげるとよいでしょう。

3 快適な温度管理をしよう！

次は温度管理です。冬は猫用のベッドに湯たんぽやカイロを入れてあげたり、潜り込める布団を用意してあげれば、昼間に暖房は必要ないかもしれません。夜間や厳冬期の北海道などは例外で、暖房は必要になります。高齢になった場合は、体温調節が難しいので、状況に合わせて調整する必要があります。

また、冬は他の暖房器具を使用する機会も増えると思います。ストーブに飛び乗ってしまったり、ヒーターに近寄りすぎたりして、火傷してしまう事故や電気マット上での低温火傷も報告されています。高齢になると皮膚の感覚が鈍くなり、動くことがおっくうになり火傷のリスクは高くなります。使用時は十分に注意しましょう。

夏は熱中症に注意が必要になってきます。猫は人に比べて熱中症になりにくい生き物です。それでも真夏はエアコンを使用した方がよいと思います。ただし、エアコンを嫌う猫ちゃんが多いことも事実。エアコンの設定は弱めにしたほうがよいでしょう。また、その際は猫ちゃんがエアコンを使っている部屋とそうでない部屋を、自由に行き来できるようにしてあげるとよいと思います。

CHAPTER 3 **DAILY CARE**

バリアフリーにする

筋力低下など、猫ちゃんの様子をみながら高いところをなくし、バリアフリーにしていく。

快適な温度

夏はエアコンの設定を弱めに熱中症対策を。冬は湯たんぽや布団などを使って温度調節を。

昼寝の場所を用意

隠れる場所、潜り込める場所、専門の場所など、フリースを丸めだけでも猫のくつろげる場所を確保。

爪研ぎ

高齢になると爪研ぎをしなくなるので、様子を見ながら爪研ぎを。

4 爪研ぎを用意しよう!

猫が爪を研ぐのには理由があります。それは古くなった爪の層を剥がして下のとがった層が出てくるようにしているのです。また、足の裏にある臭腺から出る臭いをつけるマーキングの意味もあります。他にもストレッチ効果やストレス発散のために行なうこともあります。

高齢になると関節の痛みや筋力の衰えから爪研ぎをあまりしなくなります。若いころは爪研ぎできていても、いつのまにやら伸び過ぎてしまうことも。中には爪が伸びすぎて肉球に刺さってしまい歩けなくなった猫ちゃんもいます。爪研ぎができなくなった場合は爪切りをする必要があるので、爪を研ぐ様子もよく観察してあげてください。

CHAPTER. 3

12歳からの暮らしの心得

I ♥ GROOMING
老猫ちゃんのお手入れ

猫は自分で毛づくろいをするキレイ好きな動物です。自分でキレイにするのでお手入れは必要ないと思われがちですが、実はとっても大事なのです。

とっても身体が柔らかい猫ですが、どうしても自分では届かない場所もあります。また、高齢になると体の痛みからグルーミングを猫自身であまりしなくなる傾向があります。お手入れは猫ちゃんの体を清潔に保つだけではなく、皮膚を適度に刺激することでマッサージ効果もあります。また、体をよく触ってあげることで異常の早期発見につながります。お手入れは飼い主さんとのスキンシップの大切な時間です。高齢猫ちゃんこそ、しっかりお手入れしてあげたいものです。

お手入れのコツは、できるだけ猫ちゃんがリラックスしているときに行なうこと。また、嫌がるそぶりを見せたらすぐにやめることです。猫ちゃんの「嫌だな〜」というサインを見逃さないようにして、嫌がる直前にやめるのがポイントです。

長毛の猫ちゃんは毛がもつれやすく、毎日ブラッシングが必要です。長毛の猫ちゃんもブラッシングの順番は短毛猫ちゃんと同じですが、ラバーブラシは長い毛に絡まりやすいので、獣毛か先に丸いゴム等がついているブラシがよいでしょう。毛玉ができてしまうと、動くたびに毛玉に皮膚が引っ張られて痛みを感じたり、また毛玉の下は皮膚炎になりがちです。できるだけブラッシングで毛玉を作らないようにしましょう。長毛の猫ちゃんは、「耳の後ろ」「わきの下」「しっぽの付け根」「ももの付け根」が、と

How to do ブラッシング

短毛の猫ちゃんは、「週に1〜2回くらい」のペースでブラッシングしてあげるとよいと思います。ただし、春と秋は換毛期なので抜け毛も多くなります。この時期は毎日行なってもよいですね。

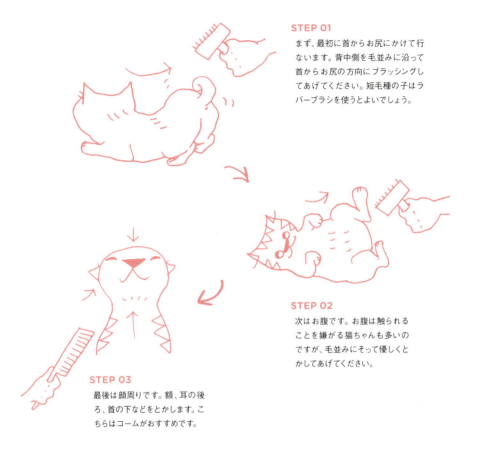

STEP 01
まず、最初に首からお尻にかけて行ないます。背中側を毛並みに沿って首からお尻の方向にブラッシングしてあげてください。短毛種の子はラバーブラシを使うとよいでしょう。

STEP 02
次はお腹です。お腹は触られることを嫌がる猫ちゃんも多いのですが、毛並みにそって優しくとかしてあげてください。

STEP 03
最後は顔周りです。額、耳の後ろ、首の下などをとかします。こちらはコームがおすすめです。

くに毛玉ができやすい場所なのでここはコームで、もつれをときましょう。

また、猫ちゃん自身がグルーミングする際に抜け毛をたくさん飲み込んでしまうと「毛球症」という病気になってしまうことがあります。

猫も高齢になると胃腸の動きが悪くなります。場合によっては毛玉が腸に詰まり腸閉塞を起こしてしまうことがあるのでブラッシングは必須といえます。

CHAPTER. 3

12歳からの暮らしの心得

LIVING Q&A
他に気をつけたいこと暮らしのQ＆A ①

Q. 多頭飼育をしているのだけど……

A. たくさんの猫と暮らしている場合には特別な注意が必要になります。老齢になると、どうしても動きが鈍くなってしまいます。いつのまにか食事や水を元気な若い猫に食べられてしまっていた！なんてことも。

また、トイレの様子もよく観察してあげてください。きちんと排泄できていると思っていても、実はうんちをうまく出せなくなっていることも。複数の猫ちゃんが同じトイレを利用する場合は、排泄の有無も気がつきにくくなります。老齢になったらほかの若い猫ちゃんたちよりも気にかけてあげてください。

食事や排泄の様子は健康のバロメーターになるので注意深くみてください。

Q. トイレをするのがつらそう

A.「自力でトイレに行って排泄をする」ということが難しくなった場合、ペット用のオムツを装着するという選択肢もあります。オムツを着けることを嫌がる猫ちゃんには、おすすめしにくいですが、多くの猫ちゃんはすぐに受け入れてくれます。最初は慣れなくても、数日で大丈夫になることが多いようです。

オムツのメリットは、排泄物で猫ちゃん自身の身体が汚れることを防げるという点です。老齢になり、身体を思うように動かすことが難しくなると、うまく排泄物を避けることができなくなります。身体に付着した排泄物は、衛生面からもそのままにしておくのはよくありません。猫ちゃん自身も不快を感じるでしょう。汚れてしまった部分を毎日シャンプーするのも、老齢猫ちゃんには体力を消耗するため、おすすめはできません。できるだけ身体を汚れないようにすることも、猫ちゃんのためなのです。

現在はペット用のオムツもサイズが豊富になり、猫でも着けられるものが増えました。実際に装着する際は、猫ちゃんの身体を採寸し、適切なサイズのものを選んでください。

CHAPTER. 3

12歳からの暮らしの心得

LIVING Q&A
他に気をつけたいこと暮らしのQ&A ②

Q. 犬と一緒に暮らしています……

A. 昔から、ワンちゃんと一緒に生活をしていて、とてもなかよしである場合はあまり心配ありません。ただしワンちゃんが苦手な猫の場合は対策が必要です。遊び好きなワンちゃんは、自宅にいても遊びたがるものです。そろそろのんびりしたいと思っている老猫ちゃんにはちょっと迷惑（？）な存在になってしまうかもしれません。かといって別々の部屋で生活させるというのも現実的ではありません。そんなときは、猫ちゃんだけが逃げ込める隠れ家を作ってあげるとよいと思います。猫だけが入ることができる小さなスペースを用意したり、ちょっとした台の上に猫ちゃん専用のベッドを置いたりするのもひとつの方法です。元気なワンちゃんに邪魔されることなくリラックスできる場所を準備してあげてください。

Q. ひとり暮らしをしているけど大丈夫?

A. ひとり暮らしをしている方にとって、猫はよきパートナーになってくれているはず。家をあける際にも猫ちゃんが若いうちは安心してお留守番を頼むことができたと思います。でも猫が老齢になってくるにつれて心配事も増えてきます。ちゃんと食事しているか? 水が飲めているか? 狭い所にはさまっていないか? 排泄はちゃんとできているか? などなど。かといって頻繁に自宅に様子を見に帰るわけにもいかない方も多いと思います。そんなときは家族や信頼できる友人、ペットシッターさんに頼むのもひとつの方法でしょう。最近では自宅にカメラを設置してスマートフォンで自宅の様子を観察できるようなものも発売されています。最新ツールを利用して、お留守番の様子を観察すると猫ちゃんの意外な(?)一面が見られるかもしれませんね。

CHAPTER. 3

12歳からの暮らしの心得

RUSUBAN!!!
留守番させるのが心配！①

留守番前の準備はどうする？

比較的お留守番は得意な猫ちゃんですが、高齢になると気楽に留守番をさせるのは少し心配かもしれません。若いころは、フードと水があれば2日程度のお留守番も可能でしたが、老猫の場合は状態が急変する可能性もあるので、24時間以上は避けるようにしてください。とくに持病があって、自宅で投薬などを行っているケースは投薬のタイミングが変わってしまうことが体調に影響するリスクもあるため、長時間の留守番の場合は、家族や友人、またはキャットシッターサービスにお世話をお願いしましょう。

仕事や用事で、どうしても留守番をさせる場合は、留守中の事故を防ぐための環境を整えておく必要があります。

外に出ないように窓は閉め、必要があれば冷暖房で室内の温度を調整します。その場合は出かける30分前に入れるようにして、冷暖房の入れ間違いを防げます。タイマー運転を使う場合は、セット時によく確認しましょう。また、狭い場所を好む老猫ちゃんが、筋力の低下から、家具やテレビの裏に入って出てこられなくなることも考えられます。猫が入り込みやすいスキマはふさいでおくと安心です。

☐ 猫の様子を見にこれる人に電話した？

1日以上部屋を空ける場合、家族や友人、シッターさんに頼むよう連絡を取る。

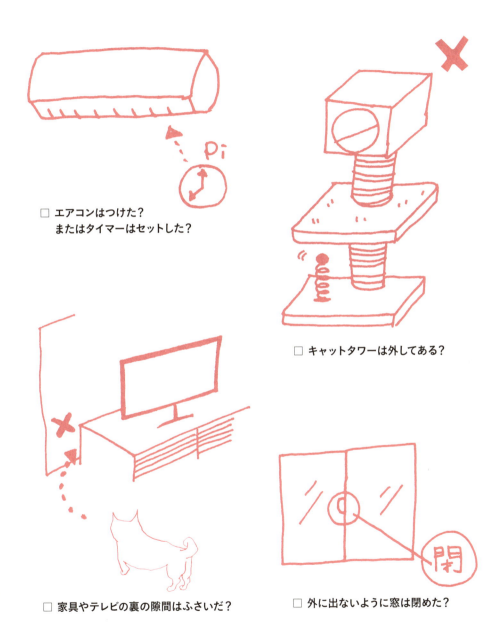

- □ エアコンはつけた？またはタイマーはセットした？
- □ キャットタワーは外してある？
- □ 家具やテレビの裏の隙間はふさいだ？
- □ 外に出ないように窓は閉めた？

CHAPTER. 3

12歳からの暮らしの心得

RUSUBAN!!!
留守番させるのが心配！②

デテクルニヤ

水と食事、トイレはどうする？

水

留守番時の飲み水はたっぷり用意しましょう。できれば水の容器を「いつも使っているもの＋1個以上」出しておくとよいですね。留守番中に猫がうっかり容器をひっくり返して水が飲めなくなったり、身体が濡れたりしないように安定性がある容器にいれるようにしてください。水が足りなくなると、夏は脱水症状になりかねません。また、こぼれた水で体が濡れた状態だと、冬はとくに風邪をひきやすいので注意しましょう。

食事

いつもの食べ慣れた食事を用意してください。量も普段と同じ量を用意するのが基本ですが、帰りの時間が読めない場合などは、足りなくならないように少し多めに出しておきましょう。食事を一気に全部食べてしまう猫ちゃんには、タイマー機能で食事が出てくる自動給仕器などを利用するとよいですね。帰宅後はどれくらいフードを食べたか確認してみましょう。

トイレ

飼い主さんが出かける直前にトイレはきれいにしておきます。在宅時のようにすぐに掃除することができないため、留守番の時間に合わせて、長時間の場合は予備のトイレもセットしておくと安心です。そして、留守中の排泄の様子を帰宅後に必ずチェックしましょう。

留守番時にチェックしたい8項目

- ☐ 家族や友人、シッターさんに電話
- ☐ エアコンをつける・タイマーをセットする
- ☐ 窓は閉める
- ☐ 入りやすそうなスキマを防ぐ
- ☐ たっぷりな飲み水を2個以上用意
- ☐ いつもの食事を少し多めに用意・自動給仕器の設置
- ☐ できたらトイレは予備もセット
- ☐ 排泄後の様子をチェック

ペット保険って入っていたほうがよい?

　猫ちゃんの診察をしていると「ペット保険って入ったほうがよいの?」と質問されます。保険はあくまでも金融商品なので獣医師の立場からは「入った方がよいか?」についてはなんとも申し上げることができません。ただ動物医療に携わる人間として感じていることを1点だけ書こうと思います。

　日本ではまだ加入者が少ないですが、少しずつペット保険が普及してきました。ペット保険に加入する場合に注意したいことは「加入条件」と「給付条件」です。保険会社によって保険金が異なるのはもちろんのこと、加入できる動物種や年齢、健康診断書の有無が異なります。また、保険金が給付される病気に制限があったり、金額の上限があったり、1年間に使用できる回数に制限があったりと各保険会社によって条件が大きく異なります。

　万が一のことがおきても安心を得るためのペット保険です。「こんなはずではなかった!」と後悔しないために、契約する際には各保険会社の条件をよく比較して、約款をよく読んでおくとよいと思います。

ペット保険について

成猫期と老猫期で保険料が二段階に設定されているものもありますが、年齢とともに保険料が上がる商品が主流です。商品内容によりますが補償額は保険適用期間内（基本的に1年間）の上限が定められていてその範囲で50〜80%が保証されます。手術一時金や、入院給付金など別途支払われる商品もあります。猫の年齢を考慮して、保険に入って安心を買うのか、または、いざというときにペット貯金をする（保険の掛け金と同様の金額を目安に）など視野に入れて選択するのもよいでしょう。

CHAPTER. 4

最期のお別れ

CHAPTER. 4
最期のお別れ

SEPARATION BY DEATH
私はこうお別れしました

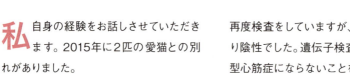

　私自身の経験をお話しさせていただきます。2015年に2匹の愛猫との別れがありました。

　最初は新年を迎えた1月1日、まだ3歳1カ月齢だったPUMA（メインクーン・男の子）が亡くなりました。突然死でした。実は、私はその場に立ち会うことができませんでした。猫たちを病院に預けて出かけていた私は出先でその知らせを受け、PUMAの亡骸と対面したのは翌日のことでした。

　「行ってくるね。いい子でね」と声をかけて頭をなでて出発しました。いつもと同じように、預けられることが解っているのか、少し不満そうないじけた表情、それが最後に見ることができたPUMAの顔になるとは思いもしませんでした。お世話をしてくれていた代診の先生が、目を離したわずかの時間にPUMAは亡くなっていたのです。一緒にいたQUEEN（メインクーン・女の子）だけが、PUMAの死に立ち会っていました。

　PUMAとQUEENはブリーダーさんから譲り受ける前に、メインクーンに多い肥大型心筋症の遺伝子検査を受けていました。2匹とも陰性で、わが家にやってきてからも再度検査をしていますが、その検査もやはり陰性でした。遺伝子検査の結果は、肥大型心筋症にならないことを証明するものではありません。ですので、その後も定期的にレントゲン検査や心臓の超音波検査を続け、心臓の状態を把握していたつもりでした。

　しかし、絶対に大丈夫ということはないのです。まるでただ寝ているだけのようで、起こしたらいまにも起きてスリスリしてくれそうな遺体でした。突然のお別れで、呆然となりましたが、PUMAの死を無駄にしないために剖検することにしました。結果は、肥大型心筋症を疑う所見でした。病理検査を依頼した友人の病理医もいままで見た中で、最も大きいと言える心臓ということでした。もともと大型の猫種ではありますが、身体も8kg以上あり、心臓への負荷も大きかったのかもしれません。

　PUMAが身をもって教えてくれたこと。

　それは、お別れは突然のケースもあるということ……。定期的な検診をしていても、見つけてあげられないリスクの怖さ……。まだまだ、ずっと一緒に過ごせると思い込

んでいたなかでの別れのつらさ。私の使命は、そんな悲しみを負わなければならない飼い主さんをひとりでも減らすことだと改めて思いました。

いまは、大きな骨壺に納まったPUMAの立派なお骨は我が家のリビングで、いつも家族のそばにいます。遺影のPUMAはジェントル・ジャイアントと呼ばれるメインクーンそのものの姿で、優しい穏やかな顔で私たちを見守っていてくれます。

PUMAが天国へ旅立ってから、ちょうど2カ月後の3月1日、15年間ともに過ごしてきた、うにゃ（雑種・女の子）が亡くなりました。

そのうにゃは、全身性の悪性腫瘍に冒され、療養生活を送っていました。PUMAとはなかよくありませんでしたが、PUMAが存命のあいだは気を張っていたようで、自宅で普通に生活することができていました。しかし、PUMAが亡くなった後、QUEENとの2匹で日々は穏やかに過ぎてはいきましたが、癌は一気に進行したのです。

1月の終わりから、ターミナルケアをする目的で入院させ、病院スタッフの手厚い看護を受けて、約1カ月間快適な入院生活を送ることができました。うにゃは病院が大好きだったので、最後までみんなに可愛がってもらいながらすごせて、幸せだったと思います。

最期の瞬間は、病院スタッフ全員に見守られ、私の腕のなかで静かに眠るように息を引き取りました。うにゃの死は、私自身も受け入れる覚悟をする期間が十分にあり、してあげたいことをすることができたという思いが、納得した看取りにつながりました。

うにゃの遺骨も我が家のリビングに可愛い遺影とともに安置しています。

突然死とターミナルケアのなかでの看取りという愛猫2匹との別れが、この本を書くきっかけになったことも事実です。

PUMAとうにゃを偲んで……。

CHAPTER. 4

最期のお別れ

HOSPITAL VISIT
通院することになったら

ほとんどの猫ちゃんは、動物病院が大嫌い!

初めてならまだしも一度でも動物病院で注射など嫌なことをされたらしっかり覚えているものです。それでも高齢になると健康診断や病気の治療で動物病院へ足を運ばなくてはならないことも増えてきます。とくに「家でペットキャリーに猫ちゃんが入ってくれない」というお声をよく聞きます。その際に少しでも通院の苦労をへらす方法をご紹介いたします。

通院にはペットキャリーが必須

わんちゃんと違い猫ちゃんは日ごろ外に出ることがほとんどなく、外に出る機会は動物病院への通院だけという猫ちゃんも多いと思います。すると、ペットキャリーに入るのも通院だけということになります。それでは「ペットキャリー＝動物病院」というように覚えてしまい、ペットキャリーを見るだけで逃げまわってしまったり、入れるときに非常に抵抗したりすることになります。

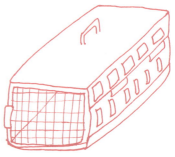

ペットキャリーは老猫の体に負担をかけない少し大きめで、素材はプラスチックなど爪がひっかからない素材がおすすめ。車で行くならシートベルトをかけて、電車やバスの場合はラッシュ時は避けた方がよいでしょう。

CHAPTER. 4　LAST FAREWELL

普段から部屋の中において慣れさせましょう。

ペットキャリーに慣れるには

　このようにならないために日頃からペットキャリーに慣れておくことが大切です。そのためにいつも部屋の中に置いておきます。その中にベッドを置き、休んでもらうようにしたり、また、おやつをその中で食べさせてみたりするのもよいと思います。このように普段からペットキャリーに慣れておくことで「ペットキャリー＝動物病院」というように思わせないようにすると比較的簡単に入ってくれるようになる場合が多いのです。

　また、ペットキャリーの材質も重要です。お出かけなどに使用する場合は布製の可愛いものでも大丈夫だと思いますが、動物病院へ行く場合は別です。おすすめのキャリーはプラスチック製のもので上と横の2方向から猫ちゃんが出入りできるようになっているものです。上が開くほうが、猫ちゃんが入ったり出たりするときにもスムーズに行なえます。また横が空くものであると、そこから観察することもできるので通院がとくに嫌いな猫ちゃんは、このようなペットキャリーを用意することをおすすめします。素材は衛生面からプラスチック製のものがよいでしょう。

　老齢猫ちゃんには、身体に負担をかけないよう、中で寝転がっても足が伸ばせるサイズの少し大きめのキャリーを用意します。体温維持も難しくなるため、中には毛布やタオルを敷いてあげましょう。

　用意した後は上記のように日頃から慣れ親しんでおくことも忘れずに！

上部が開くと猫ちゃんが容易に出入りできます。

CHAPTER. 4

最期のお別れ

HOSPITALISATION
入院することになったら

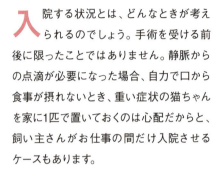

入院する状況とは、どんなときが考えられるのでしょう。手術を受ける前後に限ったことではありません。静脈からの点滴が必要になった場合、自力で口から食事が摂れないとき、重い症状の猫ちゃんを家に1匹で置いておくのは心配だからと、飼い主さんがお仕事の間だけ入院させるケースもあります。

猫ちゃんの状態や治療内容によって、入院室のタイプが分かれます。酸素の供給や静脈点滴が必要で絶対安静の場合はICU（集中治療室）に、投薬や食事補助以外は自由にしていられるならケージタイプ、もしくは少し広めの個室タイプなどを選べることもあると思います。病院によって、猫ちゃんに用意されるお部屋のタイプは異なりますので、やはり事前にチェックしておくと安心です。

実際に入院が必要になっても、猫ちゃんや飼い主さんの状況によって、「できること」と「できないこと」があるでしょう。かかりつけの獣医師とよく相談しながら、治療プランを決めてください。また、入院の期間と費用は、病院や猫ちゃんの状態によって異なります。事前に入院費の見積もりを出してもらえると安心です。

万が一に備えて入院や手術など事前に見積もりを出してもらうのも手です。保険を利用するのかなど、経済的な負担についても考えをまとめましょう。

入院することが決まったら、猫ちゃんが少しでも自宅の雰囲気を感じられる工夫をしてあげましょう。いつも寝床に敷いている毛布やタオル、使っている食器やトイレ、普段食べている食事や慣れている猫砂などなど……。日ごろから猫ちゃんのお気に入りのものは、なにかを意識的に把握し、入院室内に持ち込みが可能かどうかをまず

CHAPTER. 4 **LAST FAREWELL**

猫ちゃんが少しでも自宅にいるような安心感を作るには、日頃お気に入りの毛布やクッションを用意しておきましょう。また、病院に置くことは可能か確認して。

かかりつけの病院に確認しましょう。持ち込みが可能な場合は、猫ちゃんが落ち着けるように愛用品を入院時に準備しておきます。部屋のサイズに合わせて、あまり大きなものや電源が必要なもの、壊れやすいものなどは避けたほうがよいでしょう。

入院生活が、どのくらいストレスになるかは、その猫ちゃんの性格にもよります。好奇心旺盛で人見知りをしないタイプか、飼い主さん以外に心を開くことは難しいか、など飼い主さんが解っている範囲で性格やキャラクターについて動物病院に伝えておくと看護の際に役立ちます。

入院中の面会も状況に応じて可否が決定されるはずですが、面会できるときには慣れない環境と病気で不安を感じているかもしれない猫ちゃんに「大好き」の気持ちを心の底から伝えてあげてください。

人見知りのキャラクターか好奇心旺盛な猫ちゃんなのか、病院に伝えておきましょう。

CHAPTER. 4

最期のお別れ

ENDING SIGN
終わりのサインがきたら

　もし意識がない、呼吸の状態が変化したなどがあったら、臨終のサインを見逃さないよう、猫ちゃんの様子に敏感になることが大切です。

　飼い主さんが一番わかりやすい、最期のお別れが近づいてきたサインは、意識がないということです。ただ意識がない状態には、いよいよ最期という場合と一時的な場合があります。もともと脳の病気などの影響でけいれんや意識消失を繰り返しているケース以外は、最期である可能性が高くなります。

　そして、意識がなくなっている中、口呼吸をしていたら要注意です。呼吸が「浅くて速い」、あるいは逆に「深くてゆっくり」という場合は、あと数時間ということも。表情などの観察を続けながらそばに寄り添ってあげてください。

鼓動の変化にも注意

　鼓動の変化にも気をつけましょう。健康な猫ちゃんの心拍数は、1分あたり120～180回です。心臓病があると心拍数が極端に上がるケースもありますが、臨終間際になると、多くは音が弱まり「ゆっくりとした心拍」になっていきます。飼い主さんが猫ちゃんの心拍を調べるときは、猫の胸に耳を当てて鼓動を聞いてみましょう。

猫の胸に耳を当てて鼓動を聞く。

嘔吐にも注意したい

　胃や腸などの消化器系の持病の有無に関わらず、最期が近づくにつれて、嘔吐することがあります。嘔吐の瞬間は心臓の機能を調整している神経のひとつである迷走神経が刺激されるため、心拍数が下がります。嘔吐した瞬間に心臓が止まってしまうことも多いのです。吐いた直後は、吐物で猫ちゃんが汚れないよ

う速やかに片づけましょう。ただし、猫ちゃんを移動させたりすると、その刺激でさらに嘔吐が誘発されることもあるので、無理はせず、落ち着くまで待つようにします。寝たきりの猫ちゃんの場合、横たわった状態で嘔吐すると、吐物が逆流して喉を詰まらせてしまうことがあるため、枕を使うことは避けてください。

よい波と悪い波を繰り返す。

腕の中で看取る

　腕の中で看取るなら、最期の徴候に敏感になることが大切です。その徴候が見られたら、できるだけ猫ちゃんのそばについていてあげます。まるで、待っていたかのように、飼い主さんのぬくもりを感じながら最期を迎えたという話もよく聞きます。抱っこしたり、ひざに乗せてあげたり、猫ちゃんの好きな体勢をとらせてあげましょう。

吐いたあとはすぐに片づける。

「よい波」と「悪い波」を繰り返す

　命が尽きていく直前、意識が少し戻ることがあります。意識を取り戻した、と安心した途端、再び急に容態が悪化することも少なくありません。それから少し目を開けたりすることもあれば、そのまま最期を迎えることもあります。

　たとえると、命は「よい波」と「悪い波」を繰り返し波打ちながら消えていくことが多いようです。終わりのサインはどの猫ちゃんも同じというわけではありません。猫自身の生命力や体力によっても違ってきます。

ぬくもりを感じながら最期も一緒に過ごす。

CHAPTER. 4

最期のお別れ

EUTHANASIA
安楽死ということ

日本ではその文化的な背景からか、動物医療の現場で安楽死が行われることは決して多くはありません。安楽死を安易に選択するべきではありませんが、どうしても選択せざる得ない状況もきてしまうかもしれません。そのときに焦ってしまわないために考えを巡らせておくことも大切です。

安楽死とは、猫ちゃんから「身体の痛みや苦しみを、永久に取り除くための医療処置」です。血管から薬剤を投与して心臓を永久に停止させることにより、苦しむことなく死を迎えさせます。

決めるのは飼い主さん

安楽死を選択するかどうかは、最終的に飼い主さんが決めなくてはなりません。しかし、安楽死を選択するか、そしてその時期も含めて答えはありません。飼い主さん自身が考え抜いた決断こそが正しい選択となるのです。

判断基準はたくさんあります

・現在の獣医療では治すことができない病気か？

・今後、猫ちゃんが生きていくのに苦痛が満ちたものになるのか？

・現在とこれからのQOL（生活の質）はどうか？

・治療を続けた場合の費用は？

・飼い主さんが猫ちゃんのために費やさなければならない時間は？

・猫ちゃんにどんな生涯をまっとうして欲しいか？

・家族全員が同じ気持ちか？

といったことなどです。

日常生活を送れているかがひとつの基準

猫ちゃんのQOLを判断することは難しいかもしれません。
「食欲や元気はあるか？」「グルーミングしているか？」「お気に入りの場所で眠れているか？」といった日常の動作をどのくらい維持できているか、といったことはひとつの

これからのQOLはどうか。

猫ちゃんにどんな生涯を
まっとうして欲しいか。

大好きな遊びをいまでも
できているか。

基準となるでしょう。

　猫ちゃんが元気なころの記録があれば参考にするとよいと思います。

　たとえば……以前と比べて、「調子のよさそうな日」と「調子の悪そうな日」の割合はどうか？　かつて大好きだった遊びを、いまでもまだできるか？　生活面で、元気な頃と比べて、他に変わったことはあるか？　……こうしたことをよく思い出しながら、安楽死を選択するかどうか、及びその時期についてよく考えてください。迷ったらかかりつけの獣医師に相談してみるのもよいでしょう。

　最終的に安楽死を決意されたときには、動物病院は最期の日まで、猫ちゃんと飼い主さんとそのご家族を心から支援いたします。穏やかな気持ちでその日を迎えるために、猫ちゃんと最後のときをともに過ごしてください。

　安楽死には立ち会うことを希望される飼い主さんも、立ち会わないことを望まれる飼い主さんもいらっしゃいます。どちらを選ばれる場合でも、安楽死において猫ちゃんは痛みや苦痛、恐怖を感じることはなく、数秒から数分でくつろぎながら眠りに落ち、やがて穏やかな死を迎えるということを理解していてください。

　猫ちゃんは安らかに旅立って逝きます。
　心安らかに見守ってあげてください。

CHAPTER. 4

最期のお別れ

LAST PART OF LIFE
最期にできること

　最期の瞬間が近づいていても、飼い主さんにできることはまだあります。治療やケアを行う段階が過ぎると、静かに見守る時間に変わります。死を待つ時間でもありますが、見ているだけではつらく感じるかもしれません。

寄り添い、抱きしめてあげる

　「看取る」ということは医療がすべてではありません。猫ちゃんに寄り添い、声をかけたり、優しくなでるのもよいでしょう。猫ちゃんの居場所を整え、寝床にお気に入りの毛布やタオルを敷いたり、隣で一緒に横になるのもよいかもしれません。抱っこが好きな猫ちゃんなら、抱きしめてあげてください。

　お別れのときが近づくと、悲しみの気持ちが生まれますが、飼い主さんの悲しむ顔を見たら、猫ちゃんも悲しくなってしまい、安心して天国に逝けなくなってしまうでしょう。

　できるだけ悲観的にならずに、いままで猫ちゃんのためにしてきたことをふり返り、肯定することも大切です。

ともに過ごした時間を思い出してみる

　そして、猫ちゃんとの運命の出会い、楽しい日々、ともに過ごした素敵な時間を思

CHAPTER 4 **LAST FAREWELL**

「私はずっと傍にいるよ。安心してね」
「いままで、どうもありがとう」
「大好きだよ」
あなたが最後に猫ちゃんに伝えたい言葉はなんですか?

い出してください。
「雨の中、お母さんを呼んで鳴いている君に出会ったんだよね」
「小さいころは毎日、僕の靴下をかじって遊んでいたよね」
「帰宅する私を、毎晩玄関で待っていてくれたね」
「トンボのおもちゃが大好きで、ぼろぼろになるまで遊んだね」
「眠い朝も、ごはんの催促で起こしてくれたね」
「新幹線に乗って、実家への里帰りも一緒にしたね」
「パソコンの上で、お昼寝するのがお気に入りだったね」
「日の当たる窓の下は、兄弟で場所の取り合いをしてたね」
「病気が発覚してからはがんばって通院したね」
「入院中も面会に行くと喜んでくれたね」
「退院するときは看護師さんたちにたくさん褒めてもらったね」
ひとつひとつ大切なエピソードを猫ちゃんと一緒に思い出しましょう。
　最後に猫ちゃんの瞳に映る飼い主さんは、無理に笑顔を作る必要はありませんが、猫ちゃんが見慣れた表情でいてあげられるとよいですね。
　闘病のため入院中だったり、飼い主さんのお仕事の都合だったり、事情があって傍にいることが叶わないときも、想っている気持ちは猫ちゃんにきっと届くはずです。

CHAPTER. 4

最期のお別れ

LAST MOMENT
最期の日の迎え方 ①

愛する猫ちゃんとの最後の日をどう過ごしたいのかをあらかじめ決めておくことは、難しいと思います。そのとき、その状況になってみなければ、最終的な決定を下すことはできないからです。でも、いまからほんの少し心構えをしておくことはできるかもしれません。

猫ちゃんと飼い主さんにわずかに残された大事な時間を、決して無駄にしないために。大切なかけがえのない思い出の瞬間として、心に留めておけるように。焦って、慌てて、後悔してしまうような決断を下すことがないように。

想像したくもないかもしれませんが、お別れまでのリミットが迫ったときに考えなくてはいけないことをシュミレーションしてみましょう。

突然死のリスクを回避する方法は試す

まだまだ、気力も体力も十分な若い猫ちゃんの飼い主さんは、なかなか想像することさえ難しい「別れ」ですが、「突然死」のリスクはどの世代の猫ちゃんにもあてはまるのです。

若いからこそ、発症しやすい病気もあり

ます。愛猫との「突然の別れ」は受け入れ難く、お別れの覚悟ができないことで後悔も生まれやすいと言えます。100％そうならないようにすることは不可能ですが、少しでもそのリスクを回避する方法は試してみるべきではないでしょうか。

　人間はいわゆる大げさな人がいます。ちょっとした怪我で大騒ぎする人が近くにいませんか？ 長年猫の医療に携わっていますが、ちょっとした病気で大騒ぎをするような大げさな猫ちゃんは見たことがありません。猫は自身の具合の悪さを隠す生き物です。

　「ウチの子は元気だしよく食べているから大丈夫」という飼い主さんの思いはあくまでも希望でしかないのです。

　少しだけ思考を変えて健康診断を受けてみてください。

健康にみえるあいだに、しっかり健診を受け、病の可能性を小さいうちに見つければ、治療の選択肢が拡がります。

理想の形で死を迎えられるかはわからない

　天命をまっとうし、身体の機能をひとつずつ使い果たしていくように、お気に入りのベッドのなかで眠ったまま……というシチュエーションが理想かもしれません。ですが、それをみんなが叶えられるかはわからないのです。

CHAPTER. 4

最期のお別れ

LAST MOMENT
最期の日の迎え方 ②

通院中の猫ちゃんの持病が悪化して入院が必要になったり、入院中の猫ちゃんも容態が急変したりするかもしれません。そのときは、できる限り点滴や栄養補給をしながら集中治療室に入って治療を継続するのか、最期のときは自宅に連れて帰って家族と一緒に過ごしたいのかを選択をしなければならないことがあるでしょう。もちろん、その時点での猫ちゃんの状況や飼い主さんの都合で希望通りにいかないこともありますが、具体的にどうしたいかを獣医師ともよく相談してみてください。

病院と連携をとり最良の看取りプランを立てる

入院中に猫ちゃんの状態が悪化するなど緊急事態の場合は、急いで駆けつけなければならない状況が出てきます。自宅に電話がかかってきても留守だったら、最期に間に合わない可能性も考えられます。そんな事態を避けるためにも、あらかじめ携帯電話の番号を知らせておき、この時間だったら家族の誰に連絡して欲しいなど、あらかじめ連絡体制を決めておくことが大切です。また、夜間の対応も動物病院ごと

携帯番号を知らせる、病院の夜間対応をしているか、入院しないとできないこと、通院でもできること、自宅でもできること、それぞれのメリット・デメリットを獣医師によく聞いて最期の日を迎えたいもの。

CHAPTER 4 LAST FAREWELL

かかりつけの動物病院と連携をとりながら、
あなたと猫ちゃんに合った看取りのプランを立てましょう。

に異なりますので、必ず確認しておきましょう。

他にも呼吸が苦しい猫ちゃんの場合は、酸素ハウスをレンタルするという選択肢もあります。動物病院への通院がストレスになってしまう場合は往診などを組み合わせて、自宅療養を続けることが可能な場合もあります。入院しないとできないこと、通院でもできること、自宅でもできること、それぞれのメリット・デメリットを獣医師によく聞いて、かかりつけの動物病院と連携をとりながら、あなたと猫ちゃんにもっとも合った看取りのプランをたてましょう。

後悔しないために心から「ありがとう」を伝えよう

そして、後悔だけはしないように精一杯、愛情を注いで毎日を過ごしてください。それが「いつ」なのかは誰も予測できない、突然やってくる別れが突然死です。万が一、突然死に遭遇したときには、『出逢えた奇跡』と『一緒に過ごした時間』に感謝して、猫ちゃんに心からの「ありがとう」を伝えてお別れできるようにしたいですね。

現在、闘病中であったり、老いと向かい合っている猫ちゃんとその飼い主さんにとっては、もう少し身近に感じることだと思います。置かれている状況は、年はとっても自宅で元気に過ごしているケース、持病はあるけれど通院しながら自宅療養しているケース、入院して懸命に闘病しているケースなど猫ちゃんそれぞれで異なるはずです。最後の日をどこでどのように迎えたいのかは、そのときを迎えてみないとわからないかもしれません。しかし、いまの時点で、もしそうなったら、どうしたいかを考えてみることはできます。

これが正解というものはありません。

愛する猫ちゃんのことを想って、飼い主さんとそのご家族が納得して下した判断はすべて正しいのです。

ずっと一緒にそばで過ごしてきた飼い主さんは、猫ちゃんの一番の理解者なのですから。

CHAPTER. 4

最期のお別れ

Prepare for
FAREWELL
お別れの準備 ①

自宅で亡くなってしまったとき……

つらいことかもしれませんが、遺体をいつまでもそのままにしておくことはできません。

旅立ちを前に、心の状態を考慮して決して無理はせず、できる範囲で遺体の処理を行います。よだれや目やに、耳あかなど、汚れている部分をきれいにします。

人間と異なり、猫は亡くなったときにまぶたを閉じていることがほとんどありません。無理に閉じなくても、自然のまま開いていても大丈夫です。

また、お腹を触るとその刺激で体内に残っていたおしっこやうんちが出てしまう場合もあります。

遺体を移動させたりする際には、「肩やお尻の下に腕を入れてそっと持ち上げる」とよいでしょう。頭を下げるように傾けると、胃の中に食事や胃液が入っていた場合、逆流してしまうこともあるので、遺体は水平に安置しましょう。万が一、体液が出てしまっても遺体が汚れないように、ペットシーツを安置する布団の上に敷いておけば、ペットシーツを交換することで清潔に保つことができます。

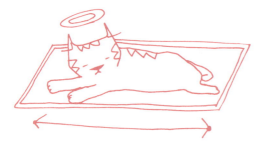

遺体の処理は無理はしないでできる範囲でやりましょう。
○目やになど、汚れている部分をきれいにする
○まぶたはムリに閉じない
○遺体を移動するときは肩やお尻の下に腕を入れてそっと持ち上げる
○遺体は水平に安置する
○安置する所にはペットシーツを敷いておく

CHAPTER 4: **LAST FAREWELL**

CHAPTER. 4

最期のお別れ

Prepare for
FAREWELL
お別れの準備 ②

タオル

保冷剤

身体をきれいにしたら、安置できる箱を用意し、愛用のものや感謝の気持ち を入れましょう。火葬の場合は燃えるものしか入れられません。何日も遺体の 保存はできないので、悲しいですが荼毘の準備はすぐに行いましょう。

自宅で亡くなった場合も遺体に触れるのがつらいならば、かかりつけの動物病院にお願いすることも可能。

身体をきれいにしたら、遺体を入れる箱を用意し、安置します。

生前使っていたタオルや毛布を敷いたり、お気に入りの猫用ベッドに寝かせてあげてもよいですね。ほかに、よく遊んだおもちゃや好きなおやつ、お花や思い出の品と合わせて、感謝の気持ちを添えましょう。

火葬を予定している場合は、棺の中には金属等の燃えないものは入れられません。食べていた食事を入れてあげたいときは、缶やアルミのパウチのものは避けるか、どうしても入れたい場合は紙皿などに開け替えるようにしてください。

遺体の傷みを防ぐためにも、遺体と敷物の間には保冷剤を置くようにしてください。夏場だけでなく、暖房が入った部屋に安置することになる冬場も必要になります。ただし、保冷剤を使っても何日も遺体の保存をすることはできません。可能なら翌日か、翌々日には荼毘に付しましょう。

動物病院で亡くなった場合……

猫ちゃんとの最期のお別れが済んだら、遺体をお返しする前に、自宅で安置できるように遺体処置が行われます。

身体をきれいに拭いたり、胃液が逆流したりしないように口にコットンを詰めたり、排泄物で汚れてしまうことがないようにお尻にもコットンを詰めたり、必要なことはすべて院内で済ませることができます。自宅で亡くなった場合も、自分で遺体に触れることがつらすぎるときは、かかりつけの動物病院にお願いしましょう。

CHAPTER. 4

最期のお別れ

Prepare for
FUNERAL
お葬式の準備 ①

残念ながら最期のときを迎えてしまった猫ちゃんへ最後の「はなむけ」をしてあげましょう。葬儀や供養の方法に決まりはありません。どのようにしたいかは、あくまでもみなさまの考え次第なのです。猫のお葬式にはいろいろな形がありますので、ご家族で話し合ってよい方法を選んであげてください。

ここでは代表的な4つの方法をご紹介します。

①ペット霊園

近年ではお寺や霊園が母体となるペット霊園も増えてきています。そこでの供養の仕方もさまざまです。ほかのペットと一緒に火葬する「合同葬」や個別に行なう「個

送迎から火葬後に法要や納骨、供養まで請け負うところも。訪問(移動)火葬車などもあり、多く利用されています。料金を多く取られたり、飼い主の心を傷つける扱いをしたりする心ない業者も少なくないため、直接会って、料金体系を聞き、質問に明確に答えてくれるかなど、きちんとした業者を選びたいもの。

別葬」、立ち会いすることができる「立ち会い葬」などスタイルはさまざまです。「遺骨を持って帰る」ことができるものや「遺骨の預かり」までしてもらえるもの、「法要やお墓への納骨まで」同じ所で行えるものもあります。ペット専門の霊園もあれば人間の寺院・霊園がペット供養も行っている場合もあります。かかる期間や費用は霊園ごとに異なりますので、インターネットや電話で問い合わせるなどして調べてみるとよいでしょう。

霊園選びに悩んだら、かかりつけの動物病院に相談してみてもよいでしょう。

猫ちゃんを亡くした直後はパニックになって、安心できる霊園や葬儀の相場などを調べるのは難しいものです。

つらいことですが、看取りの覚悟ができたころから事前に検討しておくと焦ることなく、落ち着いて猫ちゃんを見送ることができるかもしれません。猫ちゃんを見送った経験のある友人などに聞いてみるのもひとつです。信頼できる人からの紹介であれば、安心できます。

葬儀には次のような方法があります。

合同葬

ほかのペットたちと一緒に火葬。遺体を引き取りに来てもらうこともできます。お骨は引き取ることができないことが多い。費用は8千円〜2万円ほど。

個別葬

個別に火葬し、お骨を届けてもらうことも可能な場合が多い。費用は1万2千円〜2

CHAPTER. 4

最期のお別れ

Prepare for
FUNERAL
お葬式の準備 ②

万5千円ほど。

立ち合いの個別葬
個別に火葬し、立ち会う方法。個別にやるので、お骨を拾い、持ち帰ることができます。費用は2万5千円から。

　また、お墓の納骨堂には期限付きのものもあります。また、墓地には共同墓地や個別墓地もあるので、直接お寺や霊園に確かめてみましょう。

②移動火葬車
霊園へ行くのが難しい場合は自宅の前または指定場所まで来てくれる移動火葬車があります。においや煙などの心配はなく、お骨を返骨してもらうことも可能。詳しくはインターネットで調べてみましょう。条例で規制されている地域もあるので注意が必要。

③自治体

自治体は民間業者に比べて火葬などの費用は安いけれど、清掃局が取り仕切っていることが多く、火葬方法も民間に委託している場合から焼却炉を利用する場合もあり、対応が違います。前もって調べておくのがよいでしょう。

自宅に庭があるのならば、庭に埋葬するのもひとつです。ただし、においや衛生面で近隣に迷惑をかけないために、ある程度の広さと掘る場合も深さが必要です。都市部では難しい場合もあります。埋めるときに遺体を包む布は綿や絹素材にしましょう。

民間の業者に比べて火葬の費用が安い場合が多いのが、地方自治体。自治体によって対応方法はさまざまなので一度役所に問い合わせてみましょう。

多くの場合、清掃局や環境衛生局などが担当することが多いようです。自治体ではペット専用の火葬場があったり、提携している民間のペット霊園に依頼する場合があります。遺骨や遺灰を返してもらえるところもあれば、できないこともあります。中には、有料ゴミとして引き取られゴミ焼却炉を利用する所もあります。

また、費用は自治体によって異なります。自治体によってはホームページで公開しているところもありますが、不安な場合は直接確認してみるとよいでしょう。

④自宅で埋葬する

愛猫がより近くで、飼い主を見守ってくれる選択肢として、自宅の庭に埋葬するという方法があります。自宅に埋葬する場合は、まずは地域の条例を確認しましょう。多くの自治体では私有地であれば、埋葬しても問題ないことが多いようです。自宅の庭に土葬する際には、ほかの動物に荒らされないように1m以上深く穴を掘る必要があります。遺体を包む布はポリエステルなどの化学繊維は避けて、綿や絹素材など土に還るものにしましょう。棺も同様に木製のものがよいと思います。公園や河川敷など公共の場所に埋葬するのは禁止されていますので注意してください。

CHAPTER. 4

最期のお別れ

GRAVE AND ASHES
お骨とお墓のこと

人間の場合は遺体を火葬したら、お墓に納骨することがほとんどですが、猫の場合はお骨を自宅に置いておく方も多くいらっしゃいます。

その理由として、納骨できるペット用の墓地の数がまだ少ないこと、飼い主さんがお骨を手元に置いておきたいという想いが強いことなどがあげられます。

自宅に祭壇を作る

もっと家で一緒に過ごしたかったという家族の願いだったり、これからもずっと一緒にいたい気持ちや、一番そばで見守っていて欲しいというそれぞれの思いの「カタチ」なのです。自宅の部屋の一角に猫ちゃん用の祭壇を用意するのもよいでしょう。そんな大げさなものではなくて、飾り棚の一段を思い出コーナーにしても素敵です。猫ちゃんの遺影と花を置き、お骨も骨壺にきれいなカバーをかけて安置して、居場所を作ってあげましょう。

猫ちゃん用のお墓か家族と一緒に納骨か?

お墓に納骨する場合は、ペット霊園に猫ちゃん用のお墓を用意して納骨することになります。私も何度かペット霊園に足を運びましたが塔婆にはそれぞれの猫ちゃんたちの名前がかかれており、お墓は多くのお花が飾られていました。そして墓前には生前好きだったキャットフードがお供えしてありました。そして多くの人がそれぞれの想いを抱きお墓参りをしていました。人間も生前に墓地やお墓を選ぶのはよくあること。不謹慎とは思わずにいまのうちに霊園をゆっくり見て回ってもよいのかもしれませんね。

近年ではペットと一緒に入れるお墓も誕生しています。私たち人間のお墓に長年連れ添ったペットも一緒に納骨してもらうのです。

ただし、これはまだまだ数が少ないのが現状です。基本的には墓地・霊園の管理者(寺院、自治体など)の承諾がなければ、ペットと一緒に納骨することは難しいのです。動物に対する考え方の違いや、宗教観の違いなどにより周りのお墓の所有者が快く思わないケースもあり、特別に許可の

CHAPTER 4 **LAST FAREWELL**

自宅の部屋の一角に猫ちゃん用の祭壇を用意するのもよいでしょう。大げさなものではなくて、棚の一角を思い出コーナーにしても素敵です。猫ちゃんの遺影と花を置き、お骨も骨壺にきれいなカバーをかけて安置して、居場所を作ってあげましょう。ほか、ペット霊園の納骨堂や墓地で供養することもできます。合同供養、永代供養、期間貸しまであり、使用料や費用もさまざまです。好きなときにお参りに行ける利点があり、ライフスタイルの変化にともなって、永代供養に切り換えることも可能です。

あるお墓でないと埋葬できないことがほとんどです。

　なお、ペット可の墓地・霊園は年々増えていますが、やはり動物が苦手な人に対しての配慮もなされ、一部の墓域だけを「ペット可の区画」として販売しているところが多いようです。

　自分が亡くなった後に、残されたペットを同じお墓に納骨してもらいたい場合は、エンディングノートや遺言書などに書き留めておくとよいでしょう。ただし、いくら詳細に遺言書に記したとしても、ペットの遺骨の行方について、法的効力はありません。できるだけ実行してもらえるようにしておくには、祭祀承継者（お墓を継ぐ人）を遺言書で指定し、その人に納骨を託すことになります。

　お寺や霊園によっては、ペット用の納骨堂があるところもあります。永代供養、合同供養、期間貸しの納骨室などさまざまです。ペットの場合は、葬儀や供養の方法に決まりがないので、飼い主さん自身の考えやライフスタイルに合ったものを選んでください。

ペット信託って?

「私の死後もうちの猫は幸せに暮らせるのだろうか?」
「もしも私が急病で倒れてしまったらうちの猫は誰に面倒を見てもらえばよいの?」

など、猫と暮らしているといわゆる『猫の終活』だけでなく、私たち飼い主の高齢化の問題も考えなければなりません。どうしても猫と暮らすことができなくなってしまった。けれども残された家族も猫と暮らすことができず、そして信頼して愛猫を託すことができる人がいない場合は猫も路頭に迷ってしまいます。

そんな問題を解決するひとつの手段としてペット信託®があります。事前に愛猫のための生活費を管理者に託しておきます。そして万が一の際には新しい飼い主さんへ猫をお願いしてその費用を管理者さんからお支払いしてもらうという仕組みです。当然、適切に猫のためにお金が使われているかが心配になります。その点は信託監督人が新しい飼い主さんの元で元気に暮らしているか、残したお金が猫の生活費用として適切に使われているかチェックしてくれるので安心できます。

私たちの老後に愛猫の心配をしないためにも、いまのうちからいろいろな選択肢を考えておく必要があります。

ペット信託とは?

病気、けが、死亡など飼い主にもしもの事があったときに、残されたペットがその後も不自由なく幸せな生涯を送るための資金と場所を準備しておく仕組み。たとえば飼い主が病気や怪我で介護が必要になったり、老人ホームに入所することになったり、急に亡くなったり、その後相続でもめたとしてもペットの生活は資金でまかなえ、飼育費は確実に守られ、信託監督人がペットの様子と飼育費を監督するため、ペットの生活は保障されます。ペット信託®契約書作成は15万円から、公正証書遺言書作成は10万からあり。

ペット信託®のお問い合わせ先
行政書士かおる法務事務所
「ペット信託」で検索 TEL: 092-775-0418

(一社)ファミリーアニマル支援協会
http://fasa-animal.or.jp TEL:03-5520-8721

CHAPTER. 5

どうしても忘れられない

CHAPTER. 5

どうしても忘れられない

PET LOSS
ペットロスの癒し方

ペットを失った悲しみのことを「ペットロス」といいます。
我が子同然にそそいだ愛情の行き場がなくなり、虚無感から精神的にも肉体的にも体調を崩してしまう飼い主さんもいらっしゃいます。長年一緒に生活した愛猫とのお別れは非常につらいことです。でも愛猫との生活を思い出に変えることで立ち直ることができるのです。

心の準備期間と考え
ゆっくり悲しむことが大事

ペットロスから立ち直るにはまずは死を受け入れ、悲しむことが大切です。

悲しい気持ちをひとりで抱えるのはつらいものです。家族や友人に話してその想いを解放しましょう。「悲しい」という気持ちを十分に表すことで大切な思い出に変わるきっかけになります。

ペットロスがもたらす喪失感によって、日常生活に影響が生じるかもしれません。がんばらないことは怠けではありません。自分の心と向き合う「心の準備期間」と考えて、時間がかかったとしても大丈夫です。無理せずにゆっくり立ち直りましょう。

また、心を開いて悲しみを共有し、共感し合える人と話したり、素直な気持ちを言葉にしてみるのもよいですね。

家族や友人に悲しみを話す。

無理せずにゆっくりと過ごす。

悲しみを人と共有または言葉にする。

元気を取り戻す準備には、
・形見をつくる
・新たなネコを迎える
・お花を添えたり、供養する
ことなどで愛猫への感謝を再認識できるのです。

ペットを亡くした人に体験談を聞いたり、互いに思い出を話したりすることが立ち直るきっかけにもなります。

十分に悲しんだあとは元気を取り戻すことが供養にも

猫ちゃんを看取って十分に悲しんだあとは、つらさを受け止めてペットロスから抜け出る準備をはじめます。家族みんなが元気を取り戻すことが、愛猫の供養にもなるのだと思います。

つらさを受け止める方法はさまざまです。写真の整理や、遺品や被毛等で形見を作る方法もあります。

ペット霊園にお参りをしたり、遺骨や遺影が家にあれば、お花を供えたりして供養することもできます。

愛猫への感謝を再認識すると、気持ちの整理もつきやすくなります。

新しく猫ちゃんを迎えるのもひとつ

ペットロスから立ち直るために、新たな猫ちゃんを迎える方法もあります。先代の猫ちゃんへの罪悪感や、別れのつらさから新たな出会いを閉ざしてしまうのはもったいないこと。猫ちゃんと過ごす楽しさを思い出しましょう。猫ちゃんを亡くした悲しみを、新しい猫ちゃんがきっと癒してくれるはずです。先代の猫ちゃんも、自分とのお別れがきっかけでこの先、猫ちゃんとの楽しい生活をできなくなってしまうことは寂しいと考えるのではないでしょうか？

運命的に出会い、ともに暮らすようになり、そして長い時間を共に過ごして、最期を看取るということは、猫ちゃんとその家族の幸せの形といえます。

CHAPTER. 5

どうしても忘れられない

LAST GIFT FROM A CAT
猫からの最期の贈りもの

あなたは猫ちゃんからなにを受け取りましたか？

泥だらけで拾われた子猫の懸命に生きる姿は、命のたくましさを教えてくれました。
子猫のうちは慣れない足取りで走り回って「笑顔」をいっぱいくれました。
一緒に遊んで運動不足のお母さんのダイエットにも協力してくれました。
買ったばっかりのフリースをかじって困らせてくれた事もありました。
お子さんに生き物を飼う事で命に対する責任を教えてくれました。
新しく生まれた赤ちゃんのお兄さんがわりになってくれましたね。
あるときは夫婦喧嘩の仲裁もしてくれました。
ひとり暮らしのお姉ちゃんの愚痴をよく聞いてくれました。
お父さんは猫の話で、職場で盛りあがりましたね。
娘が大学進学をきっかけにひとり暮らしを始めたあとは、娘の代わりにしっかり親孝行してくれました。
寒い日も毎日、病院への通院も頑張ってくれました。
命と向き合うために、たくさんの勇気をもらいました。
最後は腕の中で眠るように逝ってしまい、たくさん涙を流させてくれました。

　上の話は、いままでに飼い主さんが話してくれた猫ちゃんとの想い出のほんの一部です。

　猫ちゃんと一緒に過ごした日々、楽しい思い出も、困ったエピソードも、辛かった日も、猫ちゃんは私たちにたくさんの贈り物をしてくれました。

　亡くなるそのときまで、命の尊さや儚さを「死」という形で私たちに教えてくれる………それが、猫ちゃんからの「最期の贈り物」です。

　いままでの事を全部含めて
　『ありがとう』という気持ちで天国へ送ってあげてください。

CHAPTER 5 **MISS YOU**

CHAPTER. 6

書き込もう
猫とわたしの約束ノート

ここに写真を貼ろう

_____ の写真

_____ 年 _____ 月 _____ 日（ _____ 歳）

体重: _____ kg

誕生日: _____ 年 _____ 月 _____ 日

CHAPTER. 6

最期に過ごすときの約束事

☐

☐

☐

CHAPTER 6 **PROMISES BETWEEN ME AND MY CAT NOTE**

CHAPTER. 6

今日の体調記録 病院ですぐに渡せるように書いておこう

記入例

__2016__ 年 __5__ 月 __8__ 日

名前: __トラ__　　　　　　　　　　（**男の子**・女の子）

性格: __温厚　たまにやんちゃ__

種類: __アメリカンショートヘア__

体重: __4.20__ kg

体温: __37.8__ 度

飲んだ水の量: __50ml__

食べたご飯の量: __60g（グーぐらいの大きさ2個分）__

おしっこ: __3__ 回、色: __黄__ におい: _____

うんち: __1__ 回、色: __黒__ かたさ: __かため__

目の状態: __涙：ある・(なし)__　　目やに: ある・(なし)

しこり ある・なし 場所: __なし__

気になること: __たまに便秘している__

_____ 年 _____ 月 _____ 日

名前: _____ 男の子・女の子

性格: _____

種類: _____

体重: _____ kg

体温: _____ 度

飲んだ水の量: _____

食べたご飯の量: _____

おしっこ: _____ 回、色: _____ におい: _____

うんち: _____ 回、色: _____ かたさ: _____

目の状態: _____ 目やに: _____

しこり ある・なし 場所: _____

気になること: _____

CHAPTER. 6

通院記録
記入例

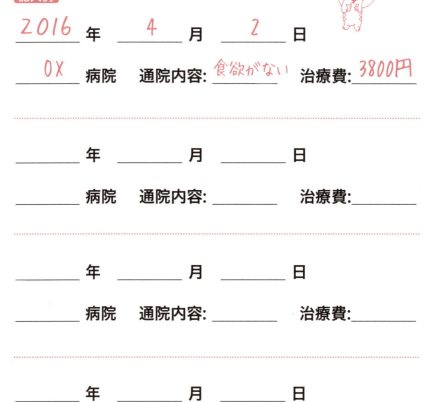

<u>　2016　</u>年 <u>　4　</u>月 <u>　2　</u>日
<u>　○×　</u>病院　通院内容:<u>食欲がない</u>　治療費:<u>3800円</u>

＿＿＿年 ＿＿＿月 ＿＿＿日
＿＿＿病院　通院内容:＿＿＿　治療費:＿＿＿

＿＿＿年 ＿＿＿月 ＿＿＿日
＿＿＿病院　通院内容:＿＿＿　治療費:＿＿＿

＿＿＿年 ＿＿＿月 ＿＿＿日
＿＿＿病院　通院内容:＿＿＿　治療費:＿＿＿

＿＿＿年 ＿＿＿月 ＿＿＿日
＿＿＿病院　通院内容:＿＿＿　治療費:＿＿＿

_____ 年 _____ 月 _____ 日

_____ 病院　通院内容: _____　治療費:_____

_____ 年 _____ 月 _____ 日

_____ 病院　通院内容: _____　治療費:_____

_____ 年 _____ 月 _____ 日

_____ 病院　通院内容: _____　治療費:_____

_____ 年 _____ 月 _____ 日

_____ 病院　通院内容: _____　治療費:_____

_____ 年 _____ 月 _____ 日

_____ 病院　通院内容: _____　治療費:_____

CHAPTER. 6

いざというときの連絡先一覧

いまからできるそのときがきたら連絡すべきリストを作っておきましょう

動物病院：＿＿＿＿＿＿＿＿＿＿＿＿＿＿＿＿＿＿＿＿＿＿＿＿＿＿

夜間対応動物病院：＿＿＿＿＿＿＿＿＿＿＿＿＿＿＿＿＿＿＿＿

家族：＿＿＿＿＿＿＿＿＿＿＿＿＿＿＿＿＿＿＿＿＿＿＿＿＿＿＿

友人など：＿＿＿＿＿＿＿＿＿＿＿＿＿＿＿＿＿＿＿＿＿＿＿＿

ペットシッター：＿＿＿＿＿＿＿＿＿＿＿＿＿＿＿＿＿＿＿＿＿

保険会社：＿＿＿＿＿＿＿＿＿＿＿＿＿＿＿＿＿＿＿＿＿＿＿＿

ペット信託：＿＿＿＿＿＿＿＿＿＿＿＿＿＿＿＿＿＿＿＿＿＿＿

火葬・葬儀屋:＿＿＿＿＿＿＿＿＿＿＿＿＿＿＿＿＿＿＿＿＿＿
(料金:＿＿＿＿＿＿＿＿＿＿＿＿＿＿＿＿＿＿)

納骨堂・お墓:＿＿＿＿＿＿＿＿＿＿＿＿＿＿＿＿＿＿＿＿＿
(管理費・利用料:＿＿＿＿＿＿＿＿＿＿＿＿＿＿＿＿＿)

そのときがきたら すべきリスト

TO DO LIST

- ☐ 亡がらを安置する（箱と保冷剤を用意）
- ☐ お花を用意
- ☐ 必要な人に連絡
- ☐ 火葬・葬儀屋の予約
- ☐ 当面の仕事・行事の関係者に連絡
- ☐
- ☐
- ☐
- ☐
- ☐

おわりに

猫は私たちの5倍も速く人生を駆け抜けます。
猫と暮らし始めたときには、
その愛猫を看取ることなど想像もしないと思います。
しかし「猫を看取る」ということは避けては通れないこと。
私たち獣医師は猫の看取りにどうしても遭遇してしまいます。
そのときに残された家族には悲しみがあります。
長年一緒に暮らした家族との別れなので、
これは当たり前のことだと思います。
ただ、いつも私は後悔のない看取りを迎えて欲しいと願っています。
それは旅立つ猫も同じ気持ちなのではないでしょうか？
私も昨年、愛する猫"うにゃ"ちゃんとPUMA君を
看取らねばなりませんでした。このような本を書こうと思ったのも
彼らとの別れがきっかけです。
看取りのときになにを考え行動し、準備しておけばよいか？
そしてなにを話し合っておけばよいのか？
後悔しないためにはなにができるのか？

この本がそんなことを考えるきっかけになっていただければ幸いです。

2016年6月吉日

服部幸

服部 幸（はっとり・ゆき）

東京猫医療センター院長。北里大学獣医学部卒業後、2年半の動物病院勤務を経て、2005年より猫専門病院院長を務める。2012年に東京猫医療センターを開院。2013年に国際猫医学会よりアジアで2件目となる「キャットフレンドリークリニック」に認定。主な著書に『猫の寿命をあと2年伸ばすために』（小社）、『ネコの本音の話をしよう』（ワニブックス）など。

猫とわたしの終活手帳

2016年6月29日　初版第1刷発行

Staff
イラスト　しばたはるか
デザイン　CIRCLEGRAPH
編集　喜多布由子

著者　服部 幸
発行人　佐野 裕
発行　トランスワールドジャパン株式会社

〒150-0001 東京都渋谷区神宮前6-34-15 モンターナビル
Tel: 03-5778-8599　Fax:03-5778-8743

印刷・製本　中央精版印刷株式会社

Printed in Japan
©Yuki Hattori, Transworld Japan Inc. 2016

定価はカバーに表示されています。
本書の全部または一部を、著作権法で認められた範囲を超えて無断で複写、複製、転載、あるいはデジタル化を禁じます。
乱丁・落丁本は小社送料負担にてお取り替え致します。
ISBN 978-4-86256-180-0